U0238324

YIXIAN ZHUANJIA DAYI CONGSHU

一线专家答疑丛书

南美白对虾高效健康养殖百问百答

第 二 版

曹煜成　文国樑　杨　铿　主编

中国农业出版社

第二版编写人员

主　编　曹煜成　文国樑

　　　　杨　铿

编著者　曹煜成　文国樑

　　　　杨　铿　李卓佳

　　　　胡晓娟　冷加华

　　　　徐　煜　徐武杰

　　　　苏浩昌

南美白对虾是我国对虾养殖产业的主打品种，据统计，2014年全国对虾养殖产量为174.7万吨，其中，南美白对虾的产量即达到157.7万吨，占全国对虾养殖产量的九成左右。由于它具有较强的环境适应能力，目前在我国的沿海地区、低盐度河口地区、盐碱地水域以及淡水资源充足的江河流域、湖泊周边等地区，均有开展南美白对虾的养殖生产。可见，南美白对虾已为我国养殖产量、养殖面积、养殖覆盖面最大的虾类品种，对我国对虾养殖业具有极其重要的影响。近年来，随着该产业的迅猛发展也陆续出现了一系列的问题，如新型病害频发、苗种种质退化、外源污染日趋严重、养殖模式和技术有待更新等，这都使产业的健康发展受到相当程度的影响。

2010年受中国农业出版社邀请，我们编著出版了《南美白对虾高效健康养殖百问百答》（第一版）。该书系统归纳总结了南美白对虾养殖生产过程中普遍出现的关键技术问题，以问答形式进行解答，将养殖生产经验和科研领域的相关成果有机结合于其中。全书包括了南美白对虾养殖的基本知识、虾苗的培育及筛选、养殖环境调控、病害防治及应激处理、营养饲料与科学投饵、药物安全、温棚养殖、日常管理、收获等九个方面的主要问题。书中相关内容对指导养殖生产具有重要的实用价值，受到广大读者的好评。随着南美白对虾养殖行业近5年来的不断发展，行业面临的技术问题和技术需求也发生了一定的改变，因此，有不少读者也提出了对该书进行修订再版的要求。我们在中国农业出版社的大力支持下，以该书第一版的内容和框架为基础，对全书进行了全面的梳理，并向养殖生产一线的技术人员和服务人员，以及相关科研单位和企业单位的技术研发人员征询了新的技术问题。这些问题主要涉及南美白对虾工厂化养殖技术模式、南美白对虾与经济鱼类的生态混养技术模式、小型池塘搭棚养殖技术模式、池塘常见有害微藻的种类与鉴别、新型功能微生物种类、养殖水体环境营养平衡调控与循环再利用、对虾肝胰腺坏死综合征、对虾肝肠孢虫病害，以及养殖排放水的生态净化等方面的内容。

　　为了使读者便于理解和接受，编写组将这些新兴的技术问题与原书内容进行了有机融合。其中，包含了编著者团队的研究成果，也部分引用了已发表的文献与论著；考虑到理论和养殖生产实践的紧密结合，书中既有对相关技术参数原理的简要说明，也有在养殖生产实践中的经验和教训。本书通俗易懂、实用性强，可作为广大对虾养殖从业者的技术培训资料，也可供水产养殖专业的师生、有关科技人员及管理人员参阅。

　　本书在修订再版过程中得到了许多专家和养殖技术人员的热情帮助与支持，编者在此表示衷心的感谢！此外，本书编写过程中还参阅和引用了国内外许多的相关文献资料，对此我们也向各位作者表示诚挚的谢意！

　　限于编著者的学识水平有限，书中难免存在不妥之处和错漏，敬请广大读者、同行专家以及养殖业者的指正与赐教，以便于我们今后对相关技术细节和理论认知不断加以完善和提升。

编著者

2016 年 8 月

　　对虾养殖业是我国水产养殖业的重要产业，而南美白对虾因其广盐性、食性杂、生长快、个体大、肉质鲜美、出肉率高、抗逆性好、抗病能力强、市场售价高等优点，已成为对虾养殖中最重要的养殖品种。据统计，2009年对虾养殖生产量达130.3万吨，产值超过240万亿，其中，南美白对虾占73%，产量为95.1万吨，产量在各种对虾产量中名列第一。我国对虾养殖产量占世界对虾产量1/3，这主要归功于南美白对虾养殖产量的大幅增长，从而促进了饲料、水产品加工和对外贸易的发展。因此，发展南美白对虾养殖，对我国农村经济的发展起到了巨大的促进作用。

　　本书针对当前对虾养殖情况，系统归纳总结了养殖过程出现的关键技术问题，以问答形式进行了解答，将养殖生产经验和科研成果结合于其中。全书包括南美白对虾养殖的基本知识，虾苗的培育、选择及放养，养殖环境调控，病害防治及应激处理，营养饲料与科学投饵，用药安全，温棚养殖，日常管理和收获等九个方面的主要问题。

　　书中主要技术措施均来自科研与生产实践，具有较强的实用性、可操作性和参考价值。本书可供从事南美白对虾苗种培育、养殖管理的专业技术人员及其他相关科研与教学人员参考使用。在本书的编写过程中，参阅和引用了国内外许多研究资料和图书，对此我们向有关作者表示诚心的感谢！

　　由于时间紧促，书中的不妥之处和错漏在所难免，敬请广大读者指正。

　　　　　　　　　　　　　　　　　　　　编著者

目 录

目录

6 ## 六、用药安全 •••••••••••••• 125

7 ## 七、温棚养殖 •••••••••••••• 136

八、日常管理 ·········· 145

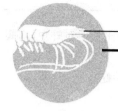

一、南美白对虾养殖的基本知识

1. 南美白对虾的分类地位如何？

南美白对虾，学名为凡纳滨对虾（*Litopenaeus vannamei* Boone，1931），俗称白肢虾（white leg shrimp）、白对虾（white shrimp），国内曾经也翻译为万氏对虾、凡纳对虾。分类上属于节肢动物门（Arthropoda）、甲壳纲（Crustacea）、十足目（Decapoda）、游泳亚目（Natantia）、对虾科（Penaeidae）、滨对虾属（*Litopenaeus*）。

2. 南美白对虾的形态如何？

南美白对虾的外形及体色酷似中国对虾和墨吉对虾，最大体长可达 23 厘米（图 1）。正常体色为白色而透亮，大触须青灰色，步足常为白

图 1　养殖南美白对虾

垩色,全身不具斑纹;额角稍向下弯,额角短;头胸甲比其他对虾短,与腹部之比为1∶3,第一触角具双鞭。但仔细观察,会发现南美白对虾的外壳密布许多细小斑点,尤其在体长 2～5 厘米的幼虾身上更为明显。

3. 南美白对虾的生活习性如何?

南美白对虾原产于南美洲太平洋沿岸,在其天然水域,为夜间行动动物,夜间活动频繁,白天则相对安静,有时甚至将身体腹部或全身潜藏在泥沙中,亦不主动搜寻进食。蜕壳多在上半夜,幼苗阶段于 28℃水温时,约 30～40 小时蜕皮 1 次;1～5 克的幼虾约 4～6 天蜕壳 1 次;成虾蜕壳间隔的时间为 14 天左右。

4. 南美白对虾对养殖水体盐度的适应性如何?

南美白对虾是广盐性的虾类,在水体盐度 0～40 的条件下均可存活,可养殖的水体盐度为范围为 0.2～34,养殖生产的最佳生长盐度为 10～20。它在淡水环境中也可进行养殖,但在虾苗放养时水体必须经过渐进式的淡化处理,直至水体盐度逐步降低到淡水环境。

5. 南美白对虾对养殖水体温度的要求如何?

在人工养殖条件下,南美白对虾适宜水温可在 16～35℃（渐变幅度）,最适生长温度 25～32℃。相关研究显示,1 克左右的幼虾,在 30℃时生长速度最快;而 12～18 克的大虾,在 27℃时生长最快。南美白对虾养殖最低温度应在 18℃以上。水温 15℃以下,南美白对虾减少或停止摄食;9℃以下出现侧卧或死亡;35℃以上的高温,南美白对虾的摄食与生长受到较大影响。

6. 南美白对虾对养殖水体溶解氧含量的要求怎样?

水体中的溶解氧,是维系水生生物生存的重要因子。南美白对虾正常生存需要较高的溶解氧，不同体长的个体对低溶氧的耐受程度有所差异，个体越大，耐受低溶氧的能力越差。体长 2 厘米以下幼虾，能耐受溶氧值为 1.05 毫克/升；体长 2～4 厘米小虾，能耐受溶氧值为 2 毫克/升。在人工养殖条件下，池水最低溶氧值不低于 2 毫克/升，特别是当对虾蜕壳时，对溶解氧的需求较高，过低的溶解氧则影响对虾顺利蜕壳，甚至造成对虾缺氧致死。

7. 南美白对虾对养殖水体 pH 的要求如何？

南美白对虾一般适于在弱碱性水体中生长。最适 pH 范围为 7.8～8.6，pH 的波动范围应小于 0.5；pH 低于 7 时，就会出现个体生长不齐，且活动受限制，主要是影响蜕壳生长。

浮游藻类生长繁殖旺盛或过量石灰使用，可使水体 pH 升高；浮游藻类生长繁殖不良或暴雨后，可使水体 pH 降低。水体 pH 过高，会增强氨氮毒性；pH 过低，则会增强亚硝酸盐和硫化氢毒性。

8. 南美白对虾对养殖水体氨氮含量的要求如何？

养殖过程中，代谢产物的不完全硝化作用，易使水体氨氮升高。养殖水体氨氮过高，会损害养殖动物的肝、胰组织，降低其获氧能力，引起应激。

氨氮及其衍生物是水中重要的生态因子之一，它们对水生生物既有有害的一面，又有其有益的作用。养殖者的责任是在掌握其变化规律的基础上，因势利导，限制其有害因素，使其转换为有益的物质，把生产搞得更好。

分子氨对水生生物是极毒的，而离子铵不仅无毒，还是水生植物的重要营养盐类。水中积累的氨，会对养殖对虾产生结构性和功能性的不良影响，损害气体交换作用，抑制基础代谢过程，使养殖对虾生长速率下降，降低其对环境的适应力和对污染的耐受力，减弱对疾病的抵抗能力，甚至造成养殖对虾的死亡。氨有昼夜与垂直变化，这种变化在晴天尤为显著，这主要与池水溶解氧、水温、pH 变化有关。

晴天中午前后表层非离子氨增多，底层由于有机物分解使 pH 下降，分子氨达最低值；夜间由于表层 pH 下降及对流等原因，上、下层水中非离子氨差大大缩小。所以，白天中午前后开机搅水，也是避免氨中毒的一个有效措施。

南美白对虾养殖水体的总氨氮应不高于 2.667 毫克/升，非离子氨氮应不高于 0.201 毫克/升。

9. 南美白对虾对养殖水体亚硝酸盐含量的要求如何？

养殖过程中，代谢产物的不完全硝化作用，易引起亚硝酸盐升高。通过养殖动物的呼吸作用，亚硝酸盐由鳃丝进入血液，而导致养殖动物缺氧窒息。对对虾来说，高盐度养殖水体中亚硝酸盐应不高于 2 毫克/升，低盐度养殖水体亚硝酸盐应不高于 0.5 毫克/升，否则会出现对虾池底偷死情况。

10. 南美白对虾对养殖水体透明度有什么要求？

透明度是反映水体中浮游藻类和有机质多寡的间接指标。合适的透明度，适宜南美白对虾良好生长，而且可抑制底生丝藻、纤毛虫和有害菌的滋生。

适合南美白对虾生长的透明度范围一般为 30～60 厘米。透明度过低，显示水体中浮游藻类及有机质过多，水体过肥；透明度过高，则显示水体中浮游藻类及有机质过少，水体过瘦。

11. 南美白对虾对养殖水色的要求怎样？

水色反映养殖水体中浮游藻类的种群和数量，是判断水质优劣的直观指标。总体来说，豆绿、黄绿、茶褐为优良水色，以绿藻、硅藻、隐藻、金藻为优势；红、蓝绿、白浊为劣质水色，以甲藻、蓝藻为优势，或者原生动物、浮游动物过多。

南美白对虾养殖的水色，以肥、活、爽、嫩为佳，以过浓、过清为劣。

12. 南美白对虾的食性怎样?

南美白对虾是以动物性饵料为主的杂食性虾类,对饵料蛋白的需求量较低。在高密度养殖中,饲料营养成分中蛋白质的比率占35%～40%,即可正常生长。在南美白对虾养殖中,可以充分利用植物蛋白原料来代替价格比较昂贵的动物性蛋白原料,节省饲料开支。研究发现,南美白对虾在小虾阶段的生长,主要受蛋白量的影响,而中虾和大虾阶段的生长主要受蛋白源的影响,故使用动物性蛋白含量较高的配合饲料,不仅诱食性强,且营养成分较齐全,生长速度较快。

在不同养殖模式中情况也有所差异。在粗养模式中,就不需要投喂高蛋白饲料。粗养主要依赖海区中天然生物饵料,人工配合饲料为搭配饲料,用量不多,所以,对蛋白质的要求就不那么高了。

13. 南美白对虾对饲料的摄食量如何?

南美白对虾胃肠发达,性贪食,但对饵料的固化率较高。在正常生长情况下,投饵量为其体重(湿重)的5%左右;或投喂后1.5小时检查饲料观察台的残饵情况和虾胃饱满度,饲料观察台基本不剩余饲料,对虾饱胃率达70%即可。白天投喂饲料量的25%～35%,夜间投喂饲料量的65%～75%,但投喂量的多少,可以进行适应性调整和驯化。

14. 南美白对虾的生长速度怎样?

南美白对虾生长速度快,在盐度20～40、水温30～32℃、不投饵、仅靠天然饵料的条件下,仔虾经180天的生长,体长可达14厘米以上,体重40克左右。在人工养殖条件下,只要密度合理,饵料充足,管理措施到位,在水温23～35℃范围内,虾苗经60～80天的养殖,体长可达10～12厘米,体重10～15克,成活率80%以上。

15. 南美白对虾如何进行生长？

对虾是通过蜕壳完成生长的。在蜕壳之前，对虾吸收营养，储蓄能量；在刚蜕完壳后，由于甲壳仍然柔软，因此在这短暂的阶段，虾体可以吸水膨胀，急速地成长；蜕壳完成后，再通过不断吸收营养、储蓄能量、增加体重，为下次蜕壳做准备。

16. 对虾蜕壳受什么因素控制？正常蜕壳的周期是多少？

蜕壳在夜间或清晨进行，时间短促，一般为 10～15 分钟。幼虾蜕壳次数通常比成虾多；营养均衡时蜕壳次数亦频繁；环境的刺激也会影响蜕壳。蜕壳主要受体内蜕皮激素调控，外界因子如温度、盐度、光照等出现比较大的波动时，也会促使蜕壳的发生。南美白对虾仔虾阶段，在 28℃水温时 30～40 小时蜕壳 1 次；1～5 克的仔虾每 4～6 天蜕壳 1 次；而 15 克以上的成虾约 14 天蜕壳 1 次。

17. 养殖过程中对虾为什么会出现蜕壳困难？

在南美白对虾养殖中，往往会遇到虾体不蜕壳或蜕壳困难等问题，需进行现场观察，具体分析。

水质恶化时，会出现旧壳仅蜕出一半或即使蜕出旧壳，身体反而缩小的情况；光照太强或透明度太大，水清透底，会使对虾乱游塘，整天游水不蜕壳或生病。饲喂不饱和或饲料差劣不易吸收，使得对虾营养不良，也会影响蜕壳；溶解氧不足，蜕壳更难。放养密度大，密集挤迫，互相干扰，会延长蜕壳时间。

18. 哪些区域适合进行南美白对虾养殖生产？

目前，南美白对虾是我国主要的养殖对虾品种，虽然可经驯化在河口区淡水中养殖，但在幼虾阶段仍然对盐度有一定要求。因此，适合南美白对虾养殖的区域，主要为沿海及河口地带；而在纯淡水的区域进行养殖，则需要向水体中添加适量海水、粗盐或卤水，可能会影响当地环境，一般不提倡在淡水区域进行养殖，可在河口区淡水区域进行适度养殖。

19. 我国沿海南美白对虾养殖有哪些方式？

综合国内养殖的情况，南美白对虾的养殖方式有粗放养殖、半精养、精养和工厂化养殖等几种。

20. 南美白对虾粗放养殖方式的特点怎样？

粗放养殖，在华南沿海一带也叫鱼塭养殖。把海滩围堵成为大型养殖池塘，面积在 6 公顷以上，池水深浅不一，大多在0.5～1 米以上，有进、排水闸门（图 2）。不清池或清池不彻底，主要纳入鱼虾天然苗种或放养少量人工培育南美白对虾苗种，养殖过程施肥繁殖生物饵料或投喂少量人工配合饲料，一年多次收获。这种养殖方式产量较低，但养殖的对虾规格大。南美白对虾苗放养密度在7.5 万～15万尾/公顷。

图 2　粗放养殖池塘

21.　南美白对虾半精养方式的特点怎样？

　　半精养池塘面积一般在 6 公顷以下，以 0.5～1 公顷为宜，养殖水深在 1～1.5 米，有独立的进、排水闸门系统（图 3）。清池彻底，放养人工培育南美白对虾苗种。放苗前和养殖早期，通过施肥繁殖天然饵料生物，养殖中、后期投喂人工配合饲料。这种养殖方式便于管理，亩[*]产一般在 300～500 千克。虾苗放养密度在 45 万～75 万尾/公顷。

图 3　半精养池塘

22.　南美白对虾精养方式的特点怎样？

　　精养，或称集约式养殖。每口虾池面积一般不超过 0.7 公顷，水深在 1.5～2 米，有独立的进、排水系统（图 4）。每 0.1 公顷应配置 735～1 100 瓦的增氧机 1～2 台，或装配有专门处理水质的设备。放养人工培育南美白对虾苗种，全程投喂人工配合饲料。这种养殖方式对虾产量高，亩产可达 1 000 千克以上。虾苗放养密度在 105 万～150 万尾/公顷。

---

　　* 亩为非法定计量单位，1 亩＝1/15 公顷。

图4　精养池塘

23. 何谓南美白对虾淡化养殖方式？

南美白对虾的盐度适应范围广，虾苗在海水中完成孵化、变态及发育后，仔虾经逐步淡化可在淡水中健康生长。根据南美白对虾这种适盐性广的特点，养殖者将购买的虾苗先放养于低盐度水体中，采用渐进式的淡化措施进行驯化，直到虾苗完全适应淡水环境，再将之放养于淡水中进行养殖生产。这种养殖方式即称为南美白对虾淡化养殖。在淡化养殖方式下，幼虾的生长速度较海水养殖快，原本在海水环境下养殖的一些特定病害也有所缓解，但养殖商品虾的肉质及口感稍次于高盐度海水养殖的对虾，且收获虾只的活力相对较弱，活虾在运输途中容易发生死亡。近年来，南美白对虾的淡化养殖发展迅速，在我国广东、广西、福建、湖南、湖北、浙江、江苏、安徽、山东、辽宁、上海、天津等淡水资源丰富的地区均有采用这种方式进行对虾养殖生产。据统计，2014年我国海淡水养殖的南美白对虾总产量为157.7万吨，其中采用淡化养殖方式生产的南美白对虾产量达到了70.1万吨，占总产量的44.5%。

24. 南美白对虾工厂化养殖方式的特点怎样？

工厂化养殖是一种在人工调控条件下，充分利用自然资源，依托一定的养殖工程和水处理设施，按工艺流程的连续性原则，在生产中运用物理、化学、生物及机电等现代化措施，对水质、水流、饲料等各方面实行半人工或全人工控制，为养殖生物提供适宜健康生长的环境条件，在有限的水体中进行对虾高产、高效的环境友好型养殖。其中，整个养殖系统平台可包括：由砂滤、网滤、特定过滤器等方式构建的过滤系统；由紫外线消毒器、臭氧发生器、化学消毒器等组成的消毒系统；由机械式增氧机、罗茨鼓风机、漩涡式充气机、拐咀气举泵等构成的增氧系统，或直接配置纯氧、液氧、臭氧等发生装置及一些高效气水混合设施用以增氧；采用锅炉管道加热、电热管（棒）、太阳能、地热水、空气能设施等构建的温控系统；由沉淀系统、旋转分离器、泡沫分离器、生物滤器等组成的排放水净化系统；此外，还包括养殖水质监测系统、饲料自动投喂系统、对虾自动收获分选系统等，以上系统可根据养殖容量大小、预期养殖产量等实际需求，选择性地进行模块化组合。相较其他的南美白对虾养殖方式而言，工厂化养殖方式的系统配套设施更为完善，建设和运营管理的成本也远高于其他方式。由于我国沿海传统对虾养殖主产区的土地资源不断压缩，目前，南美白对虾工厂化养殖方式已逐渐受到广大养殖者的关注。

25. 目前常见的对虾工厂化养殖方式有哪些？

根据养殖过程中排放水的流向与回用情况进行划分，目前常见的对虾工厂化养殖方式大致分为四种类型：流水养殖、半封闭循环水养殖、全封闭循环水养殖、全封闭水体养殖。其中，流水养殖方式全程实行开放式流水管理，排换水不进行净化处理回收利用，养殖中后期的日换水量可达6～15倍。半封闭循环水养殖方式对部分排放水进行净化处理，再重新引入养殖系统进行重复使用。全封闭循环水养殖方式实行全封闭式管理，养殖排放水通过一系列的异位净化处理，再全部回用至养殖系统。全封闭水体养殖方式指养殖全程不向外界环境排放水体的养殖方式，它与全封闭循环水养殖的最大区别在于通过一系列技术实现养殖水质的原位控制，无需将水体排出养殖系统进行异位处理后再回用。该技术主要包括了微生物高效净化技术、气水高效混合技术、水体营养平衡及循环再利用技术和高效饲料利用技术等。按照养殖池的结构或布局特点划分,可分为工厂化跑道式养殖、工厂化立体式层叠养殖、工厂化大小池嵌套养殖和普通工厂化养殖等。

26. 何谓工厂化循环水养殖?

工厂化循环水养殖,是以养殖用水异位净化循环利用为核心特征,通常是在陆基条件下构建工厂车间式的循环水养殖系统,借助现代化的工程设施设备,运用先进的养殖技术和工厂化的管理手段,在高密度放养条件下精确化投放优质饲料,促进对虾快速生长,争取高经济效益的养殖模式。依据养殖用水循环利用率,可将工厂化循环水养殖分为半封闭循环水养殖和全封闭循环水养殖。半封闭循环水养殖通过简单配套沉淀池、生态滤沟、消毒设施等,对部分养殖排放水进行沉淀、过滤、消毒等简单处理,然后再流回养殖池重复使用,以减少换水量和降低外界水环境对养殖生产的影响,是目前对虾工厂化循环水养殖的主要方式。全封闭循环水养殖方式对养殖用水的循环利用率高,因此在生产上需要采取多种手段对养殖用水进行处理,涵盖了物理、化学、生物等处理过程,一般包括沉淀池、泡沫分离、臭氧消毒、生物滤池、紫外线杀菌、加热恒温和纯氧增氧等环节,养殖排放水经沉淀、过滤、生物处理和消毒杀菌等处理,再根据对虾不同生长阶段的生理要求,进行调温、增氧和补充适量新鲜水等环节,再重新输送到养殖池中,反复循环使用。

27. 何谓工厂化跑道式养殖?

工厂化跑道式养殖,是以跑道式养虾池为特征的工厂化养殖方式。在跑道式养殖池中水体可实现环形流动,一方面使得池内水质均衡,还可将对虾粪便及残饵及时排出池外,保持池内良好水质;另一方面,一定方向的水流也符合对虾的生理及游泳行为学特性,有利于对虾的健康生长。养殖池中一般通过合理布置一定数量的射流器或气提装置来推动水体在环形跑道池中流动。工厂化跑道式养殖在欧美等西方国家较早地开展了研究和应用，取得了良好的养殖试验效果，在生产实践中也得到了一定程度的应用。最具代表性的美国德州跑道式循环水养虾系统，主要包括跑道式养殖池、转鼓式微滤机、蛋白分离器、生物过滤器、臭氧反应器、水泵和充氧装置等。近些年来兴起的生物絮团技术，在养殖水处理和调控上表现出显著优势，进一步推动了对虾工厂化跑道式养殖模式的产业化应用，养殖池水由原来的异位设备化处理转变为以原位水质调控为主。基于跑道式养殖池，配备简易的沉降设施或蛋白分离器，采用生物絮团技术进行高密度养殖，可实现每立方米水体养成 3～6 千克南美白对虾的稳定产出。

28.　何谓生物絮团养殖？

　　生物絮团主要是由细菌、微藻和残饵、粪便等颗粒有机物絮凝在一起而自然形成的絮团状聚合物。生物絮团形状不均一，多空隙，密度较小，因而能悬浮于搅动的水体中，其大小范围从几个微米到几百个微米甚至数千个微米不等。受饲料类型、养殖动物、充气类型、管理操作以及环境条件影响，生物絮团的生化组成和物理特性也常发生变化。生物絮团内的活生物体占 10%～90%，具有自我更新繁殖的能力。生物絮团养殖，则是指采用生物絮团技术进行对虾养殖的一种生产方式，它是基于在养殖系统中培育和调控微生物群落为养殖生物健康生长服务的观念上发展起来的，这种养殖系统是一种新型的人工扩大化的综合生态系统，可实现养殖水质净化处理系统和养殖生产系统的有效结合。它提倡在养殖过程充分利用水体中富余的有机物促进微生物群落的积累，将养殖过程中持续投入的大量人工饲料和养殖代谢产物作为营养基质，为水体环境中的微生物稳定提供丰富的营养供给；再者，在高效气水混合系统的协助下保证水体的增氧和运动，从而促进菌群的大量增殖。而这些菌群一方面可快速吸收转化水中的氮磷代谢产物，保持稳定的良好水质；另一方面形成的生物絮团还可为养殖对虾提供补充的生物饵料，使得所投入营养物质得以高效循环再利用。因此，采用生物絮团养殖南美白对虾的饲料系数相对较低，养殖过程中也无需通过换水的方式进行水质控制。在养殖实践中可用生物絮团沉降体积、挥发性悬浮颗粒物和总悬浮颗粒物等参数评估生物絮团数量水平，若水体中生物絮团数量超出养殖系统实际承载能力时，可利用水面富集装置和沉淀装置控制水体生物絮团数量。

29. 什么叫高位池养殖?

高位池一般建于自然海平面的高潮线以上，需要机械提水，同时，随时可以排干虾池水，故称之为高位池。高位池养殖由过滤功能提水系统、位置较高的池塘、排水系统等组成，除了硬件要求比较高外，最重要的是高健康养殖技术。其特点主要是，养殖用水可进行初步消毒和过滤，这是切断部分病原体水平传染的有效措施。一般以 0.1～0.7 公顷为一口塘，配备增氧机，能大幅度地加大养殖密度，再配以高效、优质的饲料，高密度对虾养殖成功的可能性将大大提高(图5)。控制水质，是高位池养殖的技术核心和成功的关键，其养殖技术要求比较高，所以，人们称高位池对虾养殖是一项高投入、高效益的养殖模式。

图 5　高位池

30. 南美白对虾有哪些混养和轮养方式?

(1) 混养　根据不同养殖品种具有不同的生态特征，通过不同品种混养，对改良生态环境、保持水质稳定、防止疾病的发生有积极意义，主要有虾-鱼混养、虾-蟹混养、虾-贝混养、虾-参混养和虾-藻混养 5 种方式。可与南美白对虾混养的鱼类品种有罗非鱼、梭鱼、鲻、河鲀、黑鲷、黄鳍鲷和乌塘鳢等；蟹类品种有锯缘青蟹和梭子蟹；贝类品种有扇贝、牡蛎、泥蚶、缢蛏、文蛤、毛蚶和杂色蛤等；藻类品种有江蓠、石莼和大叶藻等。

（2）轮养 有虾-鱼轮养和不同对虾品种轮养等方式：

①虾-鱼轮养方式：主要针对一些难以排干水、底泥厚、无法晒塘的老化池塘，实行虾-鱼轮养，对改良底质环境、防止病害发生有积极的意义。

②不同对虾品种轮养：主要利用养殖季节特点进行轮养，通常有南美白对虾与斑节对虾轮养，南美白对虾与日本对虾轮养等方式。

31. 南美白对虾养殖池塘选择要满足什么基本条件？

（1）池塘不易受大潮、台风的影响。

（2）建成的池塘纳水能力强，且能排干水。

（3）有适合对虾养殖的水源，而且数量充足，排灌方便。

（4）池塘能设置独立分开的进、排水系统。

（5）土壤非酸性或碱性。

32. 一般养殖对虾池塘需要哪些设备与设施？

虾塘需要具备提水设备，扬水站，进、排水渠道以及中央排污孔、蓄水池、养殖池、增氧设备等。

（1）提水设备 虾塘的提水设施，要根据地区、虾池位置的不同，采取不同的提水方式。单个虾池可在进水闸处设提水泵；中、小型的养殖场，多个虾池可采用逐级提水的方式，先将海水纳入蓄水池或蓄水沟渠，再用水泵向虾池供水；有些养殖区必要时可建大型扬水站，统一提水供各养殖场使用。

（2）进、排水渠道 虾塘应单独设置进、排水渠道，不能共用；

进水口应尽量远离排水口，新建虾场的排水口，不能设在已建虾场的进水口附近。排水渠除满足正常换水外，还要考虑暴雨排洪及收虾时急速排水的需要，排水渠宽度应大于进水渠，其渠底高度一定要低于各相应虾池排水闸闸底 30 厘米以上。

（3）蓄水池 储存、沉淀净化海水用的，可以降低水体病原微生物数量。特别是在海区水质差、赤潮生物、病原生物多时，或外源水供应困难，采用循环水供水时，蓄水池更是必需的。通常蓄水池容量，为总养殖水体的 1/3 即可；为处理水方便，3～5 个养殖池可配备 1 个蓄水池。

（4）养殖池 可建成土池、砖砌水泥批挡池、混凝土浇铸池等类型。面积不宜过大，一般在 15 亩以下，水深 1.5～3 米。采用中央排水的虾塘，池底应向排水口略倾斜，使池底积水可自流排干，以利晒池和清洁池底。养殖池底不能漏水，必要时加防渗漏材料，池坝要坚固，含沙比例较多的土坝容易坍塌渗漏，土质较差时应护坡。虾池相对两端设进水闸和排水闸，闸顶应高出进水渠能达到的最高水位 0.2～0.4 米，进水闸闸底高于池滩面 0.5 米。闸室设三道闸槽，外槽安装粗滤网板，中槽设闸板，内槽安装锥形滤网。排水闸兼做收虾用，闸宽与进水闸相同，闸底高要低于池内最低处 20 厘米以上，以利排水，闸室同样应设三道闸槽，由内向外安装防逃网、闸板和收虾网。

（5）增氧设备 养殖密度较高时虾塘必须有增氧设备，增氧机台数要考虑水源状况、养殖密度、总进排水耗能等情况。如果水源丰富，水质一直保持良好，可考虑少配，反之则多配；养殖密度（亩产）高则多配，低则少配；进水用泵提升时间短，总进、排水能耗较少，增氧机少配，反之多配；如当地电费相对较高而虾售价相对较低，则考虑少配，反之则多配。

33. 新建虾塘应该怎样处理才可以放养南美白对虾？

新建虾塘应根据底质和实际建造情况，进行相应处理后才可以放虾。

（1）建在潮间带的低位池，应先调整好底质的酸碱度。测定土壤的 pH，若小于 6.5，则进行改造。改造方法是先曝晒 10～20 天，之后进水 20～30 厘米浸泡池底，冲刷，以减少表层土壤的酸性物质，反复进、排水几次后，加入石灰渗入土壤中，提高 pH。另一种较好的方法是，用一层中性黏土覆盖堤坝及池底，但这样需要较高的成本。若底质土壤偏碱性，同样也要充分的曝晒、浸泡、冲刷，之后可加入一定量的有机肥或其他酸性物质中和，最终将土壤的 pH 调整至 7.5～8。

（2）新建水泥浇铸成的高位池，在使用前一个月进水，将整个养殖池浸泡，3 天换水 1 次，如此反复几次，浸出水泥中的有害成分。同时，池底和池壁用 70 千克/亩高锰酸钾泼洒消毒，彻底清理，之后再放水浸泡 2～3 天，将水排光。进干净海水 5～10 厘米，将石灰粉全池泼洒，用量 35～70 千克/亩，来调整海水的 pH，增加水体的缓冲能力，杀灭水中细菌，增加水中钙离子浓度，为肥水做好准备。3～5 天后，进海水进行肥水工作。

34. 养殖池塘的环境偏酸性该如何处理？

当养殖池塘及周围的土壤酸度过大（常见在红树林地带），会造成养殖对虾出现一系列的病理变化，具体表现为此环境中养殖的对虾表皮下出现铁盐沉积现象，生存能力差，生长速度慢，蜕皮率降低，严重者无法生存。

处理措施为：

（1）红树林以保护为主，开发利用为辅，不适宜在红树林区域进行对虾养殖。

（2）可以建造铺膜池塘进行养殖。

（3）在开始养殖之前，将土壤翻耕、曝晒，并加入适量的石灰进行改良。

（4）养殖过程中，使用络合剂络合水中含酸物质。

35. 用来养虾的水质要达到怎样的标准？

要求酸碱度、盐度、溶解氧、混浊度、化学耗氧量、重金属及各类无机营养盐含量等主要水质指标，在对虾养殖要求的安全浓度范围之内。水源水质的要求参考《无公害食品　海水养殖用水水质》或《无公害食品　淡水养殖用水水质》的养殖用水要求。

36. 何谓海水盐度？沿岸海区海水盐度的变化与什么因素有关？

所谓海水的盐度，是指 1 千克海水中所含溶解物质的总量（克），盐度的单位为克/千克，即千分比。海水中含有许多溶解盐类，目前已测定有 80 多种元素，其中，以氯的含量最多，占全部盐类含量的一半以上。

沿岸海区，尤其是入海河口海区，盐度的变化范围取决于大陆河流向海洋输入淡水（入海径流）的多少，所以盐度的变化范围较大。以我国珠江口海域为例，在冬季的枯水期，可以测到海水的盐度为 33；在夏季洪水季节，同一地点测得的盐度仅为 12。

37. 海水盐度该如何测量？

目前，常用测量盐度的方法有：①直接使用测量盐度的仪器测定；②使用比重计测定再换算为盐度。用仪器测量精度高，但测量成本高，操作困难，所以养殖生产中一般使用比重计测量，然后再将比重计的读数与盐度进行转化。

比重计读数（B）与盐度（S）和水温（T）三者之间的关系为：

$S = 1\ 305\ (B-1) + 0.3\ (T-17.5)\ (T \geqslant 17.5℃)$

$S = 1\ 305\ (B-1) + 0.2\ (17.5-T)\ (T \leqslant 17.5℃)$

例如：水温 25℃，比重计读数为 1.003 时，盐度则为 $S = 1\ 305 \times (1.003-1) + 0.3 \times (25-17.5) = 6.17$。

38. 哪些水源可以用来养虾？各有何特点？

用来养虾的水源有三种，分别为自然海水、地表水和地下水。

(1) 自然海水 要求虾池靠近海边。一般情况下，如果附近无工业污染、海区无赤潮发生，则水质条件好。目前，多数养殖场采用在海区打砂滤井，抽取砂滤海水使用。

(2) 地表水 包括河流、水库、湖泊、溪流、塘堰和生活污水。一般此类水质有机质含量偏多，浮游生物量也多，甚至会带有杂鱼、杂虾及其卵子。因此，使用此类水源在进水时，应在进水口设置过滤装置，如筛绢网等。

(3) 地下水 水质清洁，有机质、浮游生物含量少。使用地下水，养殖前期肥水难度稍大，中、后期换水安全性较好。地下水水质因地质不同而有差异，有些地区地质较好，水质优良；但有些地质差，则水质对养虾不利，使用时需先做处理。

39. 虾塘漏水怎么办？

底质含沙量大的虾塘，漏水比较严重，造成养殖期间水质极不稳定，又增加了成本。可以采取农用塑料膜或者黑塑胶膜铺底，如果使用前者，膜上面需要铺30厘米的干净沙子。

40. 老化虾塘改造有什么好办法？

（1）将池底沉积多年的淤泥，使用机械方法进行清除，同时，如果有条件的将池塘改小，利于调控。

（2）可用黑塑胶膜覆盖护坡和塘底，这样可以提高养殖水体质量，切断老化虾池的池底污染，同时，也可以部分切断病毒的水平传播。

41. 什么叫做分段养殖？

分段养殖又称分级养殖，是当前爬行类（如甲鱼）、两栖类（如虎纹蛙）、鱼类（如石斑鱼）和贝类（如珍珠贝）等常用的养殖方式。它主要利用养殖生物在不同大小时，对养殖密度的要求不一，而将整个养殖过程分为不同的阶段进行。在个体较小时，以较高的密度养殖；在个体较大时，以较低的密度养殖。其实，对虾与其他养殖生物一样，也可以根据大小不同，以不同的密度进行分级养殖。目前，对虾常见的分级养殖有二级、三级和四级等，不过，由于虾类的养殖周期较短，而每次分级又都需将养殖对虾移池，因此，过多的分级操作不仅增加了工作量，还会干扰养殖虾类的摄食和生长，甚至常因操作不慎而对养殖虾类造成损伤。为此，建议分级养殖的次数不应过多，分段养殖有二级或三级之分，除非特殊情况，一般以二级养殖或三级养殖为佳。以二级为例：先把虾苗放入虾苗池，放苗密度为 200～300 尾/米^2；养殖 1 个月转移进二级虾池，继续养殖直至上市。

42. 分段养殖的优点在哪里？

分段养殖与其他养殖模式相比，有以下显著的优点：

(1) 降低养殖成本　将其他养殖模式在养殖前期的分散养殖改为集中养殖，可以显著降低水、电及药物等的使用成本。

(2) 节约养殖时间　通过使用只占总面积 1/10 左右的一级养殖池，可以缩短虾类在二级养殖池内约 1/3 的养殖时间。在海南等南方地区，使用分级养殖后每年可多养 1～2 茬。

(3) 减少养殖池污染　由于分级养殖可以缩短对虾在每个养殖池内的养殖时间，因而可以显著降低养殖过程残饵和对虾排泄物等对养殖池底质和水质的污染，减少病害发生的机会。

(4) 准确养殖数量　在分级养殖中，可以根据预定养殖产量准确计算二级池的放养密度，避免一次性养殖中因养殖前期成活率高低不一，而影响养殖产量的情况。

(5) 增加养殖效益　通过分级养殖，特别是在一级养殖池上建造盖棚后，可以在春季提前放苗，并于二级养殖池内提前收获，错开虾类收获的高峰时间，获得较高的销售价格和更好的养殖利润。

(6) 便于清塘等　池塘小，便于清塘、肥水及捕获作业。

(7) 避免池底老化　每一个养殖段养殖时间相对较短，可避免池底老化。

43. 分段养殖如何移苗?

南美白对虾移苗时，将一级养殖池塘水位排低，用不同网眼的推网或拉网收捕不同规格的苗，移入二级池塘养殖。有条件的养殖场，在两级养殖池塘中间装置联通管道设施，一级养殖池塘的虾苗，可以通过联通管道直接转移到二级养殖池塘。

44. 开放式、封闭式和半封闭式养殖怎么区分?

在对虾养殖过程中，按照进、排水与否和进、排水量多少，可分为开放式、封闭式或半封闭式养殖。

(1) 开放式养殖　这是一种利用潮差进、排水，调节水质的养殖方式。近年来，海区水质不稳定，常有赤潮发生、病原媒介增加和水质污染严重，开放式大排、大灌的养殖方式，增加了对虾发病的几率，养殖成效差，病害多。

(2) 封闭式养殖　养殖池一次性进够水，养殖过程不进、排水的养殖模式，即是封闭式养殖。封闭式养殖，可以防止病原在养殖区内交叉感染，只要合理放养，配备增氧机，使用优质配合饲料，管理得法，可获得养殖成功。这种养殖模式，要求有较高水平的水质调控技术。

(3) 半封闭式养殖　养殖过程根据需要，适量添加海水或者淡水，但不频繁换水的养殖模式。这种养殖方式，能进一步提高养殖成功的可能性。随着养殖进程，养殖环境中残饵和排泄物越积越多，水体富营养化趋势逐步加大，完全封闭养殖十分困难，因此，必须加入过滤、沉淀、消毒处理过的海水或者淡水，调节水质，并且配备增氧机，以保持良好的水质环境。

45. 切实做好养虾池的日常管理应注意哪些问题?

对虾养殖的病害防治是一项综合措施，也是高健康对虾养殖的核心。具体表现在养殖池的日常管理工作中：

（1）要选择高效优质的饲料　饲料是养虾的物质基础，所以选择饲料要优中选优。

（2）投饵　要科学，做到勤投少投。

（3）掌握好环境的变化　针对不同养殖环境变化的情况，具体采取相应的技术措施。

（4）增氧　大范围降雨，会使池水盐度短时间骤变，池水分层，淡水浮在上层，易引起池底缺氧。此时，必须尽快放出表层水，并及时开动增氧机，搅匀池水或少量换水。

（5）投饵量　投饵量的多少，要根据天气情况做适当调整，以不产生过多残饵为原则。雨后对虾基本不摄食，阴天或多云天对虾摄食量要比晴天下降 10％～30％。

（6）了解天气情况　对虾养殖池塘是"野外工厂"，风、雨、云、雾、气温、气压和水温等都对养虾有较大影响，所以，必须每天了解天气情况，决定管理措施。

（7）定期观察水色　水色与对虾生长、成活率、病害防治和最后产量有密切关系。水无异味，水色呈淡绿色、黄绿色、浅褐色为好水。

（8）注意巡池　每天巡池不少于 4 次，分别在黎明、中午、傍晚和午夜各 1 次。

（9）定期测试水质，确保水质稳定　10.5 亩以上的养殖单位，至少要配备 pH 计、盐度计、温度计等测试仪器，避免盲目养殖。

（10）要定期投喂质量安全的免疫增强剂。

（11）投放活饵料　对虾生长速度较快，如果饲料蛋白不足或为了强化营养，也可考虑投喂少量经处理、消毒后的鲜活饵料（小贝类和新鲜杂鱼）。

46. 对虾养殖生产流程有哪些环节？

对虾养殖具有技术性强、各个生产环节紧密相连的特点。因此，任何一个生产环节如果疏忽大意、马马虎虎，就会影响全局。有鉴于此，整个养殖过程中务必注意每一个生产细节，尤其是关键的技术措施。

对虾养殖的整个生产流程为：排除池内积水→封闭晒塘→清淤、整池、修堤→浸洗虾池→安装闸网→消毒（清池除害）→进水→肥水（培养优良藻相、菌相和饵料生物）→选购虾苗→放苗→养成管理→收成出池（图6）。

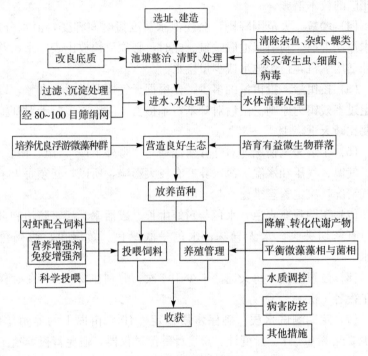

图 6　对虾养殖生产流程图

47. 对虾养殖过程中要抓好哪些重要环节？

要养好虾，必须抓好以下几个重要环节：

(1) 彻底整治虾塘　重点抓好堤坝修理、堵塞漏洞和挖深虾塘。清淤必须彻底认真，干塘时间不得少于 15 天。每公顷要用 1 500 千克生石灰处理池塘，清塘严禁使用违禁药物。

(2) 选好虾苗及保苗关　要严格选购不带特异性病毒，或带毒量低的健康虾苗，计算好放养密度。早期应适量投喂高效优质饵料，注意保苗的成活率。

（3）**抓好水、饵关** 抓好水质管理和饲料投喂，是整个过程的重要环节。要坚持"少吃多餐"，勤观察，勤投喂。

（4）**抓好病害防治** 坚持以防为主，采取生态防控与免疫增强相结合的综合预防措施。

48. 如何进行南美白对虾与罗非鱼的混养？

在水体盐度 10 以下的南美白对虾养殖水体可套养罗非鱼。虾苗的放养密度为 4 万～6 万尾/亩，个体全长为 0.8～1.0 厘米；罗非鱼的放养密度为 200～400 尾/亩，个体规格为平均每尾 5 克以上。水体年平均盐度小于 5 的地区，还可同时套养鳙 50 尾/亩或鲢 30 尾/亩。放苗顺序为先放养虾苗，养殖 15～20 天待对虾体长 2.0～2.5 厘米时再放养罗非鱼、鲢和鳙。养殖过程中可先投喂少部分罗非鱼饲料，再投喂对虾饲料。当养殖对虾达到上市商品规格时，可将存池的鱼虾进行一次性收捕。

49. 如何进行南美白对虾与草鱼的混养？

在水体盐度 5 以下的地区，可选择套养适量的草鱼。先放养个体全长 0.8～1.0 厘米的南美白对虾虾苗，密度为 4 万～6 万尾/亩，养殖 15～20 天待对虾体长 2.0～2.5 厘米时再放养草鱼，草鱼个体规格为每尾 1 千克左右，放养数量为 30～60 尾/亩，具体根据放养虾苗的密度适当调整。养殖过程中可先投喂少部分草鱼饲料，再投喂对虾饲料；如果养殖过程中发现有病、死虾则不投喂草鱼饲料，利用草鱼摄食病、死虾，防控对虾病害的暴发。当养殖对虾达到上市商品规格时，再将存池的鱼虾进行一次性收捕。

50. 如何进行南美白对虾与革胡子鲇的混养？

在水体盐度 10 以下的地区可选择套养革胡子鲇，利用它摄食病、死虾，切断对虾病害的传播途径，有效防控对虾病害的暴发。放苗时可按 5 万～10 万尾/亩的密度，先投放个体全长 0.8～1.0 厘米的南美白对虾虾苗，养殖 15～20 天待对虾体长 2.0～2.5 厘米时再放养革胡子鲇，革胡子鲇个体规格为每尾 400 克左右，放养数量为 50 尾/亩左右。养殖过程中仅投喂对虾饲料，革胡子鲇主要摄食池塘中的体弱、患病的虾只和死虾。当养殖对虾达到上市商品规格时，可将存池的鱼虾进行一次性收捕。

51. 如何进行南美白对虾与石斑鱼的混养？

在水体盐度 10～15 以上的高盐度海水养殖地区可选择套养石斑鱼。由于石斑鱼的生长速度较对虾慢，当对虾生长到一定阶段时石斑鱼因口径大小限制无法摄食较大规格的虾，对此可在对虾的不同生长阶段对应地分批放入不同规格的石斑鱼。南美白对虾的虾苗放养密度为 5 万～10 万尾/亩，个体全长为 0.8～1 厘米，养殖 25～35 天，对虾体长达到 3～5 厘米时，再放入石斑鱼进行套养。石斑鱼的放养数量为 30 尾/亩，个体规格为 50～100 克/尾，养殖 50～65 天，再按 30 尾/亩的数量放入个体规格为 120～150 克/尾的石斑鱼。养殖过程只需投喂对虾饲料，不投喂石斑鱼饲料，而是让石斑鱼摄食池塘中的体弱、患病的虾只，起到良好的对虾病害防控效果。考虑到石斑鱼生性凶猛，能摄食一定数量的活虾，因此，鱼的投放数量须严格控制，不宜过量投放，同时，虾苗的放养数量也可根据养殖设施条件适量增加。当养殖对虾达到上市商品规格时，将存池的鱼虾进行一次性收捕出售；也可采用养殖对虾分批放养分批收获，待年底逐渐进入低温季节后再将鱼虾进行出售。

52. 如何进行南美白对虾与卵形鲳鲹的混养？

在水体盐度为 5～18 的地区可选择套养卵形鲳鲹（俗称金鲳、海水白鲳）。每年 4 月底至 5 月中旬分别投放虾苗和鱼苗，虾苗的放养密度为 4 万尾/亩左右，养殖 25～35 天待幼虾体长达到 3～5 厘米时，再放入体长约 3 厘米的卵形鲳鲹鱼苗，鱼苗的放养密度为 100～200 尾/亩。一般 60～75 天后当南美白对虾达到商品规格，即可开始以网笼收捕方式进行分批捕获出售。同时，根据池塘中养殖对虾的存池生物量适当补充放养经标粗养殖的幼虾，幼虾放养密度为 1 万～2 万尾/亩，幼虾规格为体长 5 厘米左右。待金鲳养殖达到 150～500 克/尾的商品规格，可根据市场售价情况，将存池的鱼虾进行一次性收捕出售。养殖过程中可先投喂一部分海水鱼饲料，再投喂对虾饲料。如果发现池塘中有出现病、死虾则不投喂鱼饲料，利用卵形鲳鲹摄食病、死虾，防控对虾病害的暴发。

53. 如何进行南美白对虾与缢蛏、篮子鱼、黄鳍鲷的多品种混养？

在水体盐度为 4～20 的地区，可选择将南美白对虾与缢蛏、篮子鱼、黄鳍鲷等进行多品种混养。混养池塘面积 10～20 亩，池塘中部设贝类养殖畦，面积占池塘总面积的 1/4 左右，池塘四周水深 1.2 米以上。通常，每年 3 月开始投放缢蛏苗，4 月底至 5 月中旬分别投放虾苗和鱼苗。在贝类养殖畦上播放缢蛏苗的密度一般为 20 万～30 万粒/亩，规格为 2 000～3 000 粒/千克或壳长 20 毫米、宽 5 毫米左右。贝苗放养 35～50 天后，放养全长规格为 0.8～1.0 厘米的虾苗，放养密度为 3 万尾/亩左右。投放虾苗 15～25 天后，可择时投放体长为 1.5 厘米左右的黄鳍鲷和篮子鱼鱼苗，其中，黄鳍鲷的放养密度为 100～150 尾/亩，篮子鱼为 200～300 尾/亩。养殖过程以投喂对虾人工配合饲料为主，虾苗放养后开始投喂，一般每天投喂 2 餐，避免对虾摄食缢蛏。同时，不定期地施加微藻营养素，使水体中的微藻藻相保持稳定，确保缢蛏的生物饵料供给。对虾经 80～100 天的养殖可达商品规格，视市场价格以网笼收捕方式进行捕获出售，同时，根据养殖对虾的存池生物量适当补充放养经标粗培养的幼虾，幼虾放养密度 1 万～2 万尾/亩，幼虾规格为体长 5 厘米左右。缢蛏养殖到 45～60 粒/千克的商品规格时进行采捕出售。黄鳍鲷和篮子鱼养殖到 10 月底至 11 月中旬，当第二批放养的对虾达到上市商品规格时，可将存池的鱼虾进行一次性收捕。

54. 如何进行南美白对虾与暗纹东方鲀的混养?

　　水体盐度 5 以下的地区可选择套养适量的暗纹东方鲀。暗纹东方鲀多栖息于中下层水域,属于偏肉食性的杂食性鱼类。幼鱼主要摄食轮虫、枝角类、桡足类、多毛类等浮游动物和小鱼苗。成鱼主要摄食小型的鱼、虾、螺、蚌、昆虫幼虫和桡足类等,兼食底栖植物和有机碎屑等。在人工饲养条件下经过食性驯化,也可摄食人工配合饲料。目前,我国华南地区养殖的暗纹东方鲀主要以淡水暗纹东方鲀为主,将南美白对虾与暗纹东方鲀进行混养,可充分利用暗纹东方鲀的食性特点。当对虾出现病害时,暗纹东方鲀可摄食体弱发病的虾只,切断对虾病害水平传播的途径,有利于提高南美白对虾的养殖成功率。以广东中山、江门等地区的混养为例,南美白对虾的养殖成功率可达到70%以上,明显高于对虾单品种养殖方式,同时暗纹东方鲀的市场售价也相对较高。开展南美白对虾与暗纹东方鲀的混养,可取得显著的经济效益。暗纹东方鲀生长最适温度为 $22\sim28℃$,如果 3 月放苗,当年可养殖达到每尾 $250\sim400$ 克的市场商品规格。一般可用面积 $5\sim10$ 亩、水深 $1.3\sim1.5$ 米的土池进行南美白对虾与暗纹东方鲀的混养。先在 4 月中旬开始放养对虾苗,放养密度为 5 万~6 万尾/亩,虾苗规格为全长 $0.8\sim1.0$ 厘米;虾苗放养 $20\sim25$ 天再投放暗纹东方鲀鱼苗,放养 $500\sim600$ 尾/亩,鱼苗规格为 50 克/尾左右。考虑到暗纹东方鲀食性较凶猛,放养时需控制好鱼苗的数量。如果投放的暗纹东方鲀鱼苗规格大于 50 克/尾左右时,应适当减少投放鱼苗数量,以免影响虾苗的养殖成活率。由于暗纹东方鲀苗期会摄食大量的浮游动物,因此,放苗前后均需施用微藻营养素和有益菌制剂培养和维护水体中的微藻藻相,使微藻数量达到一定水平,确保水中存活丰富的浮游动物,为幼鱼提供充足的生物饵料供给。

　　养殖过程先投喂暗纹东方鲀饲料,再投喂对虾饲料,每天上午和下午各投喂 1 次,鱼饲料的投喂量以存池鱼体重的 3%~10% 为宜。如果出现天气异常、水质恶化、暗纹东方鲀摄食有所减缓的情况,可适量减少投喂量。南美白对虾每天早、中、晚各投喂 1 次,对虾饲料的投喂时间应选择在暗纹东方鲀饲料投喂完成之后。由于暗纹东方鲀饲料的蛋白含量较高,养殖高温季节水体极易出现蓝藻水华,此时切不能盲目使用杀藻剂杀灭蓝藻,以免造成鱼虾应激死亡。对此,可定期使用芽孢杆菌和光合细菌,并配合使用蓝藻溶藻菌制剂防控蓝藻水华的暴发,同时强化增氧措施,保障水体溶解氧的充足供给。当发现暗纹东方鲀感染异沟虫、指环虫、纤毛虫等寄生虫病害时,可先泼洒葡萄糖和维生素 C 制剂,预防鱼虾出现应激,定期使用芽孢杆菌和EM 菌,保持良好水质,再使用大黄、苦参、山楂等中草药制剂进行拌料投喂,药剂用量为当日饲料投喂量的 2%。若发现暗纹东方鲀出现烂鳃、肠炎等症状时,可使用聚维酮碘等消毒剂进行水体泼洒,再内服中草药进行治疗。当对虾发生病害时,停止投喂鱼虾饲料 1～2 天,利用暗纹东方鲀摄食发病对虾,防控对虾病害的传播与暴发。

对虾经 80～100 天的养殖可达商品规格,视市场价格以网笼收捕方式进行捕获出售,同时,根据养殖对虾的存池生物量适当补充放养经标粗培养的幼虾,幼虾放养密度 2 万～4 万尾/亩,幼虾规格为体长 5 厘米左右。暗纹东方鲀养殖到 12 月左右时,当第二批放养的对虾达到上市商品规格时,可将存池的鱼虾进行一次性收捕。也有的养殖者为收获大规格的暗纹东方鲀,采用搭建温棚的方式进行鱼虾混养,此时多选择在 2 月左右放养虾苗,放养密度为 3 万～4 万尾/亩,养殖 20 天之后,再按 1 000～1 200 尾/亩的密度放养鱼苗,鱼苗规格为 5 克/尾左右。当养殖对虾达到 20 克/尾以上的规格后用网笼捕获出售,同时,增补经标粗的幼虾 2 万～4 万尾/亩,之后一直养殖到暗纹东方鲀达到 350 克/尾以上的规格,再将存池的鱼虾进行一次性收捕出售。

55. 如何利用围网进行南美白对虾与鱼类的混养?

在对虾养殖池塘中央处设置围网,围网与池塘的面积比例为 1：5,围网网孔大小为对虾能出入而鲻和革胡子鲇不能出入,围网的边缘平齐于增氧机引起的池塘水流的内圈切线。围网外投放南美白对虾和肉食性的革胡子鲇，围网内投放杂食性的鲻。放苗时可按 5 万～10 万尾/亩的密度先投放全长 0.8～1.0 厘米的虾苗，养殖 15～20 天待对虾体长 2.0～2.5 厘米时，再放养鲻和革胡子鲇。两种鱼的个体规格均为 400 克左右，鲻放养数量为 50 尾/亩，革胡子鲇为 30 尾/亩。

56. 如何进行南美白对虾与罗氏沼虾的混合养殖？

在水体盐度 5～8 以下的地区，可选择进行南美白对虾与罗氏沼虾的混养。罗氏沼虾是一种生长速度快、杂食性的经济虾类，适宜养殖水温为 23～30℃，在淡水或半咸水中均可健康生长。适口的动植物性饲料都可被其摄食，还可兼食有机碎屑等，将之与南美白对虾进行混合养殖有助于清洁水体环境，还可摄食体弱发病的对虾，起到病害防控的效果。近年来，罗氏沼虾的市场售价相对较高，江苏、浙江、广东等地区的养殖者将南美白对虾与罗氏沼虾进行套养，都取得了良好的经济效益，而且还可提高南美白对虾的养殖成功率。广东珠江三角洲地区采用该模式养殖的成功率达到七八成以上。养殖池塘以面积 3～10 亩、水深 1.5 米以上为宜，一般每年 4 月中下旬至 5 月中旬开始放苗，养殖至 10 月中下旬至 11 中旬结束。放苗时先投放南美白对虾虾苗，放养密度为 2 万～5 万尾/亩，虾苗规格为全长 0.8～1.0 厘米。养殖 15～20 天后，投放经标粗培养的罗氏沼虾幼虾，放养密度为 2 000～4 000 尾/亩，规格为 3.0～5.0 厘米。也可采用围隔虾苗标粗方式，对南美白对虾虾苗进行中间培育。待幼虾长至 3 厘米以上时再放养池塘水域中，提高其养殖成活率。

养殖过程投喂南美白对虾饲料，养殖前期每天投喂 2 次，40 天至收获前每天投喂 3 次；如果南美白对虾出现"偷死"症状，停止投喂饲料 1～3 天。一般养殖 70 天后，视市场价格情况以网笼收捕方式捕获达到商品规格的南美白对虾进行出售。待罗氏沼虾养殖至 40～50 克/尾以上规格时，再将存池的南美白对虾和罗氏沼虾进行一次性收捕出售。通常，南美白对虾的养殖成活率可达到五六成以上，产量 240 千克/亩以上；罗氏沼虾的养殖成活率达到五成以上，产量可达到 30～100 千克/亩，总体养殖效益较好。

57. 如何进行南美白对虾与青蟹的混合养殖?

在我国广东、广西、福建、浙江等沿海地区的养殖者,将南美白对虾与青蟹进行混养。南美白对虾主要生活在池塘水体的中下层,以游泳生活为主;青蟹主要生活在池塘底部,以爬行活动为主。将两者进行混养,可充分利用养殖池塘水体空间。青蟹属于广温广盐性的经济蟹类,在广东、广西、福建、浙江等地均有人工养殖。雄蟹或没有进行交配的雌蟹,市场上称之为"肉蟹";交配后的雌蟹经过 25~30 天的育肥,即可形成卵巢成熟饱满呈橘红色的"膏蟹",市场售价较高。通常,我国沿海常见的种类主要包括锯缘青蟹(*Scylla serrata*)和拟穴青蟹(*Scylla Paramamosain*),其中,又以拟穴青蟹为主。锯缘青蟹头胸甲略呈椭圆形,甲宽可达 20 厘米,甲面及附肢呈青绿色,甲面光滑,中央稍隆起,背面胃区与心区间有明显的凹痕,额部具有 4 个三角形齿,前侧缘有 9 个齿,螯足粗大,末对步足的前节与指节呈浆状,适于游泳,螯足与游泳足上有明显的深绿色网状花纹,生性凶猛,觅食以主动捕食方式为主。相较而言,拟穴青蟹的体型较小,善于挖穴,背甲横椭圆形,两侧较尖,游泳足无明显网状花纹,螯足外侧末端无 2 个明显棘刺,觅食方式多为守候洞口等待潮水带来猎物。青蟹养殖的适宜水体盐度为 0~33,最适范围为 10~26;适宜温度为 7~35℃,最适范围为 18~25℃。虽然在水体盐度 10 以下的咸淡水甚至纯淡水条件下,青蟹仍可健康发育生长和成熟交配,但无法正常进行繁殖产卵。在突降暴雨或连续降水的天气时,水体盐度剧烈变化,容易诱发养殖青蟹产生应激、病害甚至死亡。青蟹属于杂食性,以动物性食物为主,通常主要以贝壳类的软体动物和小型甲壳动物为食,也兼食一些动物尸体和少量大型藻类。人工养殖的青蟹经过驯化对饵料已没有严格的选择性,常见的杂鱼、杂虾,蓝蛤、寻氏肌蛤、蚬、螺等小型贝类,以及人工调制的豆饼、糠饼等都可摄食。青蟹具有明显的相互残食的习性,一般刚蜕壳的软壳蟹会遭到同类的捕食。

养殖池塘以长方形为主,面积为 5~30 亩,水深 1.5~2 米,底质为沙质或泥沙质。池塘两端设进、排水闸口，闸门处安置防逃网。池堤需保证坚实无渗漏，可用石块或水泥铺设或用泥土夯实，池堤上围池四周设置防逃设施，多用聚乙烯网片、水泥板、土工膜和竹篱笆等围建而成。有的养殖者还会在池塘中设置一定的沟畦，为养殖虾蟹提供不同水深的局部环境。一般为保证水体溶解氧水平，可按每2～5亩配置1台增氧机。通常，在4月中旬左右放养南美白对虾虾苗，放苗密度为4万～5万尾/亩，规格为全长1.0～2.0厘米。如果养殖池塘面积较大，可进行多次放苗，每次按2万尾/亩左右的数量进行投放。在幼虾养殖到平均体长3厘米后，择机放入经药浴消毒的青蟹苗，放苗密度按200～300只/亩进行放养，蟹苗的规格为50～80克。蟹苗应体壮无病、体表干净、附肢健全，无明显创伤、规格整齐，活力良好。为防止青蟹传染病害给对虾，蟹苗入池前要严格挑选，防止病蟹入池。在养殖过程中注意观察记录，及时挑除病蟹。

在未投放青蟹苗之前，根据养殖对虾的摄食和生长状况合理投喂对虾人工配合饲料。待蟹苗放入池塘后，可先投喂青蟹饲料，再投喂虾饲料。有条件的地区可配合投喂一部分蓝蛤、蚬等小型贝类，也可交替投喂一些新鲜的杂鱼、杂虾等，投喂的鲜活饵料应保证新鲜。根据青蟹昼伏夜出的觅食习性，每天早晚2次投喂饲料，日投喂量为对虾和青蟹存池重量的2%～6%，其中，清晨的投喂比例按日投喂量的20%～40%，傍晚为60%～80%。为增强养殖虾蟹的抗病机能，可不定期地在饲料中拌喂蜕壳素、活性钙、免疫多糖、维生素C和中草药等营养免疫增强剂。对于某些养殖者预期养成"膏蟹"的，可在青蟹性腺成熟期增加投喂牡蛎肉、沙蚕等高蛋白饵料，促进性腺的发育成熟。一般可在傍晚进行投喂，其投喂量可占青蟹重量的2%～6%。整个养殖过程中切不可过量投喂，应根据天气、水质、虾蟹的生长和摄食特征等具体情况，合理调整投喂策略。当发现养殖对虾出现异常状况时，及时控制青蟹的投饵量，利用青蟹摄食体弱发病的虾只，控制虾病的传播。

养殖过程可使用芽孢杆菌、乳酸杆菌、光合细菌等有益菌制剂，以及沸石粉、消毒剂、中微量水体营养素等理化型水质和底质改良剂调控养殖水体环境，保持良好水质状况，促进虾蟹的健康生长。外部水源水质允许的条件下，也可排换部分养殖水体，维持良好水质。在高温季节和低温季节时期，应适度提高养殖水深至 1.5 米以上，遭遇强降雨时应及时排出表层淡水。养殖全程需避免水体温度和盐度的剧烈变化，造成养殖虾蟹的应激、发病或死亡。

经过 3～4 个月时间的养殖，池塘中的南美白对虾和青蟹基本可达到商品规格。此时，可根据市场售价情况陆续收捕虾蟹出售。一般采用放置网笼的方法进行分批收获，捕大留小，捕肥留瘦。有些养殖者根据存池对虾数量和气候情况，还会适量增加投放经过标粗培育的大规格幼虾，采取轮捕轮放多批次养殖收成的方法，获得更多的养殖收益。待水温下降至 18～20℃ 以下时，再根据市场情况进行一次性清池收获。

二、虾苗的培育、选择 及放养

58. 如何确定育苗中所需要的亲虾数量？

要确定育苗中所需的亲虾数量，首先需了解一尾亲虾通常能产多少粒卵。不同种类的对虾产卵量不同，而且亲虾产卵数目多寡，与亲虾个体大小、卵巢饱满程度以及在繁殖期内重复产卵次数有关。就南美白对虾而言，体长 18 厘米的亲虾，一次产卵数目大概在 20 万～30 万粒；体长 20 厘米的亲虾，一次产卵数目往往超过 30 万～35 万粒。人工养殖的亲虾，因个体较小，产卵数目一般也少于自然海区成熟的亲虾，通常一次产卵 15 万～20 万粒。

在整个繁殖期内，由于亲虾卵巢多次发育成熟，产卵总数可达数百万粒。体长18厘米的亲虾，如按8次产卵估算，其产卵总数为200万粒左右。

亲虾数量可按下列公式估算：

$$[X] = E/A \times B \times C \times D$$

式中　　$[X]$——产卵亲虾需要数；

　　　　A——亲虾在运输和暂养过程中的成活率（％）；

　　　　B——能正常产卵亲虾的百分数（％）；

　　　　C——每尾亲虾平均产卵数；

　　　　D——自受精卵孵化到育成虾苗的成活率（％）；

　　　　E——当年计划生产的虾苗总数。

59. 亲虾的运输方法有哪些？

亲虾的运输方法视距离远近而略有不同，一般有两种：

（1）水车充气运输法 在 100 厘米×70 厘米×100 厘米的玻璃钢桶中，注入 80 厘米的洁净海水，水温调至 20～25℃，与放养水温的温差不超过 2℃。将亲虾放入预先制好的木框或塑料框（8～10 层），每框装亲虾 4～10 尾（依亲虾和框的大小而定），桶内要不停地充气。运输时注意工具消毒，避免剧烈颠簸震动，注意检查充气。

（2）塑料袋充氧运输法 近年来，南方沿海进行南美白对虾育苗，亲虾运输多采用厚塑料特制的专用亲虾运输袋。将亲虾袋盛水1/3，水温降至 20～25℃，与放养水温的温差不超过 2℃，每袋放入雌虾 4～10 尾（雄虾可放入 10～20 尾，根据运输距离调整），亲虾额角套上塑料小管，防止其刺破塑料袋，充氧密封，并在亲虾袋外放有一小袋碎冰以防水温升高，置入特制的泡沫箱中进行运输。这样运输的效果很好，成活率几乎达 100%。

60. 如何做好亲虾人工越冬前的准备工作?

南美白对虾属暖水性对虾，在我国除海南岛南部地区可自然越冬外，其他地区通常难以自然越冬。亲虾人工越冬前的准备工作，主要有以下几个方面：

（1）适度暂养及营养强化。亲虾从养成池到入室越冬中间有一暂养阶段，挑选符合要求、个体大而健壮的优质养殖成虾进行暂养，留作亲虾之用。暂养时间的长短，视各地条件和气候而定。将挑选好的成虾，从养成池转入专门的暂养塘内暂养。暂养塘事先应挖去表层淤泥，用生石灰清塘、曝晒；暂养时饵料要优质、足量，使成虾入室越冬前体质健壮；每天换水 1 次，使水质新鲜；保持一定水位，避免环境剧烈变化和因虾体受光太强，而使虾体甲壳附生杂藻。

（2）严格选留亲虾。应选择性腺丰满，个体大，无外伤，不生病，体质健壮的亲虾进行人工越冬。从养成池到暂养池、暂养池到室内越冬池，这三个环节都要再三挑选，严格把关。

（3）在选择、运输操作中要格外小心，防止受外伤。捕捞工具、池塘应光洁、干净。

（4）按对虾育苗用水的处理要求，处理越冬期的用水。

（5）亲虾适时移入室内越冬池。

61. 为什么在亲虾人工越冬期间应注意保持其环境的相对稳定？

在亲虾人工越冬期间，需要经常换水、清理越冬池，能够保证人工控制环境达到越冬亲虾所要求的环境标准。但是，每一次的充气、换水、清污，都会给处于越冬状态中的亲虾一个较大的外界刺激，造成亲虾的应激性疾病，同时，也会打乱处于平衡中的亲虾内分泌系统。亲虾体内各种平衡的扰乱，将会极大地降低亲虾的抵抗力，同时这一平衡的打乱，将会极大地降低亲虾的摄食，造成饥饿或营养缺乏，最终降低机体抵抗能力，使亲虾染上各种疾病。因此，在人工越冬亲虾的操作管理过程中，建议通过化学、物理或微生物等方法，改善亲虾人工越冬水质，减少人工充氧、换水、清污的次数，创造一个稳定的环境。

62. 如何维护和改善亲虾越冬期水质？

改善亲虾人工越冬期水质的方法有：

（1）向越冬水体中接种能吸收分解氨态氮、硫化氢、有机碎屑等的微生物——光合细菌、芽孢杆菌和乳酸杆菌等。

（2）向越冬水体中投放一些贝类，以净化底质。

（3）向越冬水体中施加如氧化钙（50毫克/升）等化学物质，以增加池水中的溶解氧。

（4）向越冬水体中施加如沸石粉（200毫克/升）等具有吸附性的矿土，以吸附、降解池水底层的氨态氮、硫化氢等有毒物质。

（5）建议用化学方法调节越冬水体的pH，减少换水次数。

63. 如何对亲虾进行营养强化培育？

尽管在国外已经有商业用亲虾配合饲料出售，但是实际使用的效果目前仍不理想。生产性育苗厂家在亲虾营养强化培育方面，仍然以鱿鱼、牡蛎和沙蚕等鲜活饵料为主，或使用一部分鲜活饵料和人工配合饲料相配合，才能达到预期的效果。同时，可以采取在人工配合饲料中增添营养添加剂，或者制作营养强化湿颗粒饲料，补充新鲜饲料的营养要素。如在人工饲料中，添加维生素 C、维生素 E 和免疫增强剂等。

每天投喂饲料量：生鲜饵料，按对虾存池总重量的 10％～20％ 投喂；配合饲料，按对虾存池总重量的 2％～3％ 投喂。每天投饵 6 次，每 4 小时 1 次。

64. 南美白对虾亲虾培育应注意哪些环节？

亲虾培育池的面积一般为 20～30 米^2，水深 1.2 米左右，长方形，以半埋式为好，除保温性要强外，还要能够调节光线，便于进排水、吸污、充气和进行日常管理。亲虾蓄养密度为 8～10 尾/米^2，水温 26～30℃，盐度 30～35。

在亲虾成熟之前，一般多采用雌、雄虾分别培养。在亲虾性腺促熟过程中，必须强化营养，主要投喂新鲜的高蛋白动物性饵料，如活沙蚕、鲜牡蛎肉和乌贼等，日投饵量为虾体重的15％～20％。

培育期间，因水温高、投饵量大，水中的排泄物、残饵及其他代谢产物较多，易使水质恶化。为保持良好的水质，除不断充气外，还需加大换水量，新水需经过滤消毒，并进行池底吸污。

结合生产计划，提前进行人工催熟。通常是采取摘除单侧眼柄，营养强化培育与生态调控相结合，能够获得较理想的催熟效果。

65. 何谓 SPF 南美白对虾虾苗？

SPF（specific pathogen free）南美白对虾，即指"不带有特定病原"的南美白对虾。SPF 为"不带有特定病原"的英文缩写，常见于生物学研究领域，如 SPF 种猪、SPF 种鸡等。既然是针对特定疾病，就表示它不能排除其他未经检验证实之疾病存在的可能性。因此，SPF 生物是一种笼统的称谓。准确的说法，应该指明是哪些疾病项目，经科学方法检测确定不带其病原。如无白斑综合征病毒（WSSV）及桃拉病毒（TSV）的 SPF 南美白对虾种苗，则表示此种虾只能确定为不带 WSSV 及 TSV 两种病毒，但对其他病毒如 IHHNV、MBV 和 BP 等则未经检验，所以无法确定是否带病原。故 SPF 绝非是高度健康的南美白对虾代名词，而仅仅表示在某种程度上具有安全保障而已。

66. SPF 健康苗种生产必须具备哪些条件和要素？

SPF 健康苗种育苗场，必须具备以下基本设施和条件：需要具有基本的实验室设施（如显微镜，一定的微生物学检测设备、病毒检测室及病毒检测相关仪器设备、试剂和人员等），开展常规的对虾健康检查。额外的更加复杂的检查，需要建立更加专一的设施，以避免污染的可能。隔离检疫单元应当与所有培育和生产区域充分隔离，以避免可能的交叉感染。常规育苗设施有亲虾隔离室，各自独立的亲虾蓄养池、培育池、育苗池、饵料培育池以及水质分析室、生物检查室、藻种室等。以上设施要尽可能杜绝与有可能携带 WSSV 的东西接触，所有育苗使用的机械用具要做到专池专用等。

67. SPF 苗种生产中亲体有哪些要求和措施？

根据"SPF 对虾培苗操作与管理"提出的建议，要求对虾孵化场和育苗场使用外来亲虾，应建立繁殖亲体隔离检疫的程序，繁殖亲体的隔离单元应当在实体上与孵化场的其他设施相隔离。应当对废物的处置和流出物的处理给予特别的关注，不允许在这一区域工作的员工随意进入其他生产部分，而且他们应当一直遵守卫生方面的规定。

亲虾、种虾的病原状态的检疫确认，需要一段时间等待，因此，外源亲虾或种虾正式进入亲虾培育池之前，需要对亲虾或种虾存在的潜在病原，控制在隔离状态，直至亲虾或种虾的健康状况被确定。隔离检疫设施基本上是一个封闭的保持区域，在这里对虾被保留在独立的水池里，一直至病毒检疫结果确立。

隔离检疫单元应当具有以下设施和方法：在进入隔离区域时，亲体要通过聚乙烯吡咯烷酮碘剂溶液（20毫克/升）或福尔马林（50～100毫克/升）浸泡30秒。

68. 何谓SPR南美白对虾虾苗？

SPR为specific pathogen resistent的缩写，即"对特定病毒，种虾于先天或后天上具有较强的抵抗力"。其与国内已退化的养殖南美白对虾相比，具有不带特定病毒、生长迅速、养殖周期短（通常养殖70～90天即可上市）、发病率低、养成规格大体均匀、产量高等优点。一般是指运用人工育种的方法，针对危害最为严重的桃拉病毒（TSV）、白斑病毒（WSSV）、传染性皮下和造血功能坏死病毒（IHHNV）等三种病毒进行生产的SPR虾苗。一般是引进原种SPF南美白对虾亲虾，结合人工感染和分子生物学检测技术，筛选出高品质、高产量、生长快、抗病力强、本身不带病毒，且对某些特定病毒具有较强抵抗力的种苗和无节幼体，即SPR种苗和无节幼体。

69. SPR健康苗种生产的原理是什么？

SPR健康苗种生产，一般是基于SPF生产条件的基础上，增加结合人工感染、分子生物学检测技术等技术手段，针对危害最为严重的桃拉病毒（TSV）、白斑病毒（WSSV）、传染性皮下和造血功能坏死病毒（IHHNV）等三种病毒，生产出高品质、高产量、生长快、抗病力强、本身不带病毒，且对某些特定病毒具有较强抵抗力的虾苗。

70. 何谓"一代苗""二代苗""土苗"？

在我国的南美白对虾养殖产业中，养殖者和苗种生产企业通常会根据对虾亲本来源的不同，对所生产的虾苗进行通俗性分类。其中，直接由美国、厄瓜多尔等南美白对虾原产地引入亲本，在国内培育出的子一代虾苗即为养殖者俗称的"一代苗"。子一代在国内经养殖至性成熟后，选育体型规格和抗逆性具有相对优势的个体作为亲本进行人工授精和虾苗生产，由此培育出的子二代即为俗称的"二代苗"。苗种生产企业在未建立明确选育技术方案的前提下，从市场养殖的商品虾群体中筛选规格相对较大的个体作为亲本，经过强化培育后用于虾苗生产，由此生产的虾苗即为"土苗"，土苗的亲本来源信息不明确。业内普遍的观点认为，"一代苗"长速快、规格整齐，但对本土环境的适应能力相对较差；"土苗"的特点则与之相反，它对本土的养殖环境适应力强于"一代苗"和"二代苗"，但生长速度相对较慢，养殖过程中容易出现对虾个体大小规格差异较大的状况；"二代苗"的生长速度、个体生长差异和环境适应能力，均介于"一代苗"和"二代苗"之间。

71. 何谓"家系选育苗"？

"家系选育苗"，是指在进口国外南美白对虾亲本的基础上，以生长速度、抗病能力、抗逆性能等指标，经过长时间的多代系统选育后，确定具备可稳定遗传的优良性状，由此培育出适宜我国本土化养殖生产的南美白对虾新品种，以此新品种作为亲本所生产培育的虾苗即为"家系选育苗"，该类型苗种的亲本来源信息明确。目前，农业部公布审定通过的南美白对虾新品种有"中兴1号""桂海1号""科海1号""中科1号"等。业内普遍认为，与"一代苗"相比较，"家系选育苗"既在一定程度上保留了生长速度快的优良性状，还具备了较好的本土环境适应能力，虾苗的群体规格也相对齐整。

72. 为什么说育苗用水的处理是对虾人工育苗预防疾病的重要环节？

对虾早期幼体通常生活在较高盐度海水中，海水的盐度过高或过低，均会影响幼体的发育与变态。重金属离子是生物体内不可缺少的物质，但是其含量超过一定限度时，又会对生物体产生毒害作用。对虾的卵及幼体对某些重金属离子尤为敏感，在对虾育苗中常由于水质受污染而影响育苗效果。另外，海水中的敌害和致病菌，也是影响幼体成活率的重要因素。如水体中的桡足类（新氏歪鳔水蚤、双刺唇角鳔水蚤等），每天可掠食 20 多个对虾无节幼体；蟹的大眼幼体、糠虾、夜光虫、球栉水母、幼鱼等，都是对虾幼体的天敌。还有海水中的丝状细菌、霉菌、弧菌、纤毛虫等致病菌，都可侵害对虾的卵及幼体，造成幼体患病、大量死亡。因此，育苗用水的处理，是对虾育苗预防疾病措施中的重要环节，一定要做好。

73. 如何对育苗用水进行处理？

（1）水体盐度调节，可采用加入适量淡水或食盐、卤水的方法。

（2）育苗水源中重金属含量超过安全浓度时，应根据其含量的多少，施用 3～10 毫克/升的乙二胺四乙酸钠（EDTA 二钠）或乙二胺四乙酸（EPTA），以螯合过量的重金属离子。

（3）杀灭水中对虾幼体敌害生物的方法：

①用筛绢密网过滤海水：这种方法能除去海水中的敌害生物，且方法简便、成本低，但不能消除水中的致病细菌和纤毛虫类。在育苗前期用孔径 80 微米左右的 150 目筛网，糠虾幼体后改用 80 目筛网。

②砂滤池滤水：由于砂层的截挡作用、沉淀作用及凝聚作用，特别是凝聚作用形成过滤膜，能阻止微生物、微细土砂及有机碎屑通过。但由于被滤下的有机物质的分解会产生有害物质，从而影响幼体培育，故需经常进行反冲洗涤砂层，保持砂层清洁。

③紫外线消毒法、臭氧消毒法等：通过一定的装置，利用紫外线或臭氧对育苗用水进行处理，杀死水体中的微生物。

④化学消毒法：这种方法最彻底，但成本高。方法之一是向育苗用水中加入 120～150 毫克/升含有效氯 8%～10% 的次氯酸钠溶液消毒，12 小时后再加入硫代硫酸钠消除余氯。由于化学过程会消耗水中的氧，故除氯过程必须注意保持水体有充分的溶解氧。

74.　对虾人工育苗前的消毒工作有哪些？

（1）**育苗工具的消毒**　对虾育苗生产中的工具较多，如运输亲虾的帆布桶、捞网；饲养亲虾的暂养网箱；换水用的滤水网、虹吸管、捞网；搬运亲虾和幼虾的帆布桶、大塑料桶、滤水网、计数器等，都需经过消毒处理才能使用。具体方法是，用10毫克/升的高锰酸钾浸泡3～5分钟，或用硫酸铜溶液浸泡5～10分钟。

（2）**育苗池的消毒**　育苗用的塑胶水槽、水泥池内，都可能含有对对虾幼体不利的物质。育苗前应对水池、水槽进行消毒处理，一般使用20毫克/升高锰酸钾或50～100毫克/升的漂白粉溶液刷洗池底、池壁，并应彻底冲洗干净。

75.　新建育苗池使用前应如何处理？

新建好的水泥池，使用前应当用淡水或海水充分浸泡。浸泡5次以上，每次5～7天，每次浸泡换水前还应冲刷池壁；也可用醋酸或稀盐酸冲刷池底、池壁，然后再浸泡，使水泥中的碱性物质析出，至pH稳定在8.6以下时，再用清水刷洗干净。待晾干后，在池壁和池底涂刷上水产专用的涂料。

76.　对虾育苗场需要进行哪些生物饵料培养？如何配备生物饵料培育池的规模？

在育苗中使用的饵料组合，常有以下类型：①单胞藻→轮虫→卤虫幼体；②单胞藻（或微粒饵料）→卤虫幼体；③豆浆→蛋黄→卤虫幼体。

从对虾自然海区生活史和幼体发育营养需求考虑，要想培育健康的优质苗种，育苗场最好能建设生物饵料培养池，包括单胞藻培育池、轮虫培养池、卤虫孵化桶（池），有条件的还可以建设大型水溞培养池（如蒙古裸腹溞等）。饵料生物培养水体的规模，应视育苗数量而定。育苗池、植物性饵料培养池和卤虫卵孵化池三者的体积比为5∶1∶1 或 10∶1∶1。

单胞藻的生产性培养多采用瓷砖池，每池 2～10 米²，池深 0.8 米，池底和距池底 20 厘米处各设一排水孔。为防雨、保温及调节光线，饵料池应建在室内，屋顶需选用透光率较强的材料。为防止池间相互污染，一室可分成几个单元。

动、植物性饵料池要分开建造，以免污染。

轮虫培育池可用玻璃钢水槽或水泥池，进行控温、充气培育，扩大到生产规模时，一般多用室外土地。

卤虫孵化池可用水泥池或玻璃钢槽。水泥池一般 5～10 米²，锅形底，在底部及离池底 10～20 厘米处各设一排水孔，便于排污及收集卤虫无节幼体。卤虫孵化槽设有充气管、透明窗，底部锥形，既能防卤虫卵堆集，又利于分离幼体和卵壳。孵化过程中应充气，用电热棒加温，并有计划地控制孵化数量和时间。

水溞培养池通常为室内或室外水泥池，池子不宜过大，与轮虫池相当，以 30～60 米³ 为佳，水深 1 米左右。

77. 对虾育苗中提高育苗成活率有哪些措施？

优质健康的苗种，是对虾养殖成败的重要因素，它对增产增收起着关键作用。通常，健康种苗在育苗过程中的成活率也高，要提高苗种的质量和育苗成活率，主要从以下几方面入手：

（1）加强亲虾的营养强化培育，保证投喂足够新鲜的高蛋白动物性饵料，如活沙蚕、鲜牡蛎肉和乌贼等，同时，辅助拌料饲喂营养强化剂，保证亲虾的健康状态及营养需求，从而保证卵子和幼体的质量。

（2）育苗过程中，保证幼体每个发育阶段的营养需求，除了投喂高质量的人工配合饵料（虾片、BP 等），需要保证适量的生物鲜活饵料的供应。溞状期，应向育苗池中投放优质的单胞藻（如扁藻、角毛藻、三角褐指藻和骨条藻等）10 万～15 万个/毫升；溞状后期和糠虾期，应投喂适量的轮虫，投喂量以投喂后 1～2 小时内吃完为度；仔虾阶段，投喂适量刚孵化的丰年虫幼虫，以投喂后1～2小时内吃完为度。

（3）育苗期间，要注意育苗水体水质调控。通过少量多餐的投喂方式，避免过多投饵，给水质带来不利影响。同时，可通过投放有益活菌及其他水质调控剂，改善和调节育苗池水质，保证育苗环境的稳定。

78. 选择虾苗前，如何识别和选择优质苗种生产厂家？

为了避免买到不健康虾苗，最正确的方法是：首先是选择有信誉的虾苗场，购买虾苗前2～3天到虾场察看，应多看几个池的苗，或多走几个虾苗场，对育苗单位进行以下了解：

（1）虾苗是否严格按照育苗操作规范培育。

（2）是否有亲虾培育车间或从其他场购买幼体，亲虾、幼体及培育苗种是否健康，是否有条件进行对虾病毒测试，或请有条件单位进行对虾病毒测试，是否有检疫合格证。

（3）了解其育苗水温、育苗周期、育苗成功率和出苗率。育苗水温不允许超过32℃，否则可以认定为"高温苗"。虾苗在适宜水温范围内，生长速度随水温的升高而增加，高温育苗的苗种生长速度快但质量差，所以"高温苗"的养殖效果往往不佳。育苗时间过长或过短的苗，摄食和生长发育都不正常，正常的育苗周期一般是18～22天。

（4）了解育苗饲料。是否使用生物饵料，有没有生物饵料培养池，一般轮虫、丰年虫幼体用得较多的比用得较少的培育出的虾苗质量要好，是否使用优质及有信誉的育苗配合饵料品牌（虾片、BP等）。

（5）虾苗的健康检查。规格：同一批虾苗的个体差异越小，质量越好。体征：虾体附肢齐全、无缺损，胃肠道直而饱满，体表干净、无脏物，尾扇舒展充分。数量：育苗池虾苗的数量多，通常表明苗种培育成苗率高，变态发育正常；反之，育苗池虾苗的数量少，说明育苗过程中发生过病害等因素，造成虾苗的大量死亡。

（6）育苗场历年售出的苗种，计苗是否准确，有否坏苗当好苗，数少说数足等不良行为。

79. 如何从外观判断对虾苗种的健康度及质量？

用肉眼观察，体形肥壮，附肢完整不发红，身体没有白点，不畸形，肌肉饱满透明，胃肠充满食物，动作活泼，游泳时身体平直，逆水游泳能力强，前方的两条长须时常并在一起，群体大小整齐，这些都是好苗。若观察到的虾苗身体瘦弱，游泳顺流而漂不能逆水游动，肢体残缺或者发红，虾壳有白点，肌肉混浊，群体大小不一等，这些均属不健康而带病的虾苗，千万不要购买。

南美白对虾优质虾苗应具有以下特点：

（1）**活力** 虾苗个体大小均匀，体色透明，活力强。健康苗对外界刺激敏感，敲击容器时，应迅速跳开，无沉底现象，离水后有较强的弹跳力，放养后集群明显。

（2）**规格适中** 虾苗体长 0.8～1.2 厘米。虾苗的触须要并在一起坚挺向前，尾扇要完全打开，腹节要较长。

（3）**体表** 虾苗体表要干净，无寄生生物和损伤。健康虾苗肢体完整，苗体粗壮，体表光洁，无寄生虫，头胸甲无白斑，鳃部不发黑。肌肉透明，可清楚看到肝、胰脏呈深褐色，肠道清晰，无断须、红尾和红体现象。

（4）**摄食量正常** 虾苗食欲旺盛，抢食现象明显，投喂饵料几分钟后胃部即可见到食物团，此现象表明虾苗的体质比较健康。虾苗的肠胃饱满，胃呈橙红色，腹节肌肉宽度与肠道宽度之比应大于 4∶1。

（5）**游泳** 在静止状态下，大部分虾苗呈伏底状态，受到水流刺激后有顶水现象。直身游动，速度快，有明显的方向性，不转圈游动，搅动水时应逆水游动，水静止时应靠边附壁，而不是停在容器中央。

80. 南美白对虾苗种适宜的放养规格是多大？

南美白对虾虾苗适宜放养的体长在 0.7 厘米以上，一般不超过 1.2 厘米，规格要整齐。

81. 判断健康虾苗通常采用的方法有哪些？

判断健康虾苗常采用的方法有：

（1）外观判断　要选健壮活泼、体形细长、大小均匀、体表干净、肌肉充实、肠胃饱满、对外界刺激反应灵敏、游泳时有明显的方向性、身躯透明度大、全身无病灶的苗种。

（2）抗离水试验　从苗池内随意取出数尾虾苗，用拧干的湿毛巾包埋，10分钟后放入盛有原池水的容器内，应全部存活。

（3）福尔马林（甲醛）测试　苗种在放入池塘养殖前，将苗种放在150毫克/升的福尔马林（甲醛）溶液中30分钟，淘汰那些活力差的苗种，将有效降低养殖中的发病率。

（4）抗盐度应激测试　将小部分测试苗种迅速放入到淡水中，15分钟后将其移回原来海水中，15分钟后，苗种能恢复正常，具有高成活率的苗种是健康苗种。

（5）冷温法选苗　虾苗放在3～4℃海水中20秒后，立即置于育苗池水中，30分钟后成活率超过90%的虾苗可以使用，否则不可用。

（6）PCR病毒检测　外观判断确认的健康苗种，如果经各种病毒检测后不带病毒的虾苗，肯定是好的苗种。有条件的农户可在购买虾苗时，将虾苗带到有关单位进行检测。

82. 如何提高虾苗运输的成活率？

虾苗运输应根据路程远近、运输时间和运输者所具备的条件而定。运输虾苗最重要的保证是成活率，影响成活率的主要因素有水中的溶氧量、虾苗密度和水温等。其中，运输途中水体的溶解氧是否满足虾苗的需要最为关键，因此，把握好装运虾苗的密度，是运输虾苗成败的关键。

运输过程尽量维持较适宜的条件，防止虾苗活力减退。可以采取降温措施，抑制仔虾的代谢，减少活动量，降低水中溶解氧的消耗。国内运输虾苗，多采取控制水温运苗。如在广东不少虾苗场，运输虾苗控制水温在 27～28℃。气温、水温高时，多采用冰块来调节温度，或者采用冷藏车或空调车运虾苗，效果相当好。用冰块来调节水温时，要用不漏水的胶袋包裹，绝不可直接放入水中。

运输要挑风和日丽的天气，气温不能高于 28℃，雨天、大风天气都不宜运输。同时，还要掌握到达养殖场的时间为8：00～9：00、15：00～16：00。虾苗到达养殖场以后，不能马上把虾苗直接倾倒入池塘内，要把虾苗连袋放入池塘中漂浮20～30 分钟，待袋内的水温和池水的温度相差不大时，才能把虾苗放入池塘。

83. 如何进行放苗？

虾苗的放养条件为：

（1）虾池水温达到 20℃ 以上为宜，最低不得低于 18℃，并且能保持水温在整个养殖过程处于 18℃ 以上。

（2）池水盐度在 10～30，最高不得超过37，最低不低于5。与育苗池的盐度差不超过3，否则应对虾苗逐级过渡，使之适应后再进行放养。

（3）pH 应 7.6～8.8，超过此范围大换水解决。pH 低于 7.6 时，可用石灰调节。

（4）养成池的池水深度达到 80～120 厘米，水质清爽，水色良好，透明度 30～60 厘米，无裸甲藻等有害生物。

（5）放苗时应在上风放苗，避免苗被浪打到堤坝上受伤或死亡；倒苗时应将袋浸入水中，缓缓倒出，以免虾苗受伤。

（6）放苗应选择在阴天 10：00～14：00 进行，或晴天的傍晚，以利虾苗在入池后较快地适应环境。

放苗操作：放苗时应将装有虾苗的塑料袋浮放在虾池水面上，让袋内外水温达到一致后才打开塑料袋，并向袋内缓慢加入池水，轻轻晃动，再让虾苗自动游出。

84. 放苗时应注意什么问题？

放苗时应注意的问题为：

（1）清池不彻底，水深不达到 50 厘米以上不能放苗。

（2）放苗前要测定各项理化因子，符合放苗要求才能放苗。

（3）体长不到 0.7 厘米的不能放，体弱有病的虾苗不能放。

（4）放苗前要重新计数，数字不准确时不放苗。

（5）虾苗最好经过暂养再放苗，提高成活率。用网目为 1～2 毫米的网箱，将虾苗在养成池中暂养 4～5 小时，对体长为 0.7 厘米的暂养密度可为每立方米水体 20 万尾，暂养观察后，重新计数放入池内。

（6）放养后留 50～100 尾虾苗在网箱内，饲养 3～5 天后再检查数量，作为虾苗早期存活率的估计参数。

（7）如果养虾池与育苗池盐度、温度相差过大时，应逐步驯化，驯化最好在出池前在育苗场进行。

（8）天气不好不宜放苗。放苗时应在虾池的上风沿池边倾倒。

85. 对虾苗种淡化过程中应注意些什么？

对虾早期生活在高盐度的海水中，因此，苗种淡化通常要到仔虾的后期阶段（第 8～10 天以后）才能进行。开始淡化时，每次必须缓缓地泵入淡水，最好以喷洒方式分多次进行，并充分地增氧和搅水，避免育苗池局部和短时间内盐度急剧下降，使育苗池的盐度每天降低 1（不能大于 2）。随着苗种长大，每天降低盐度幅度可逐步提高，最好不超过 5。当盐度降低到 10 以下时，每天盐度降幅又减低至 1～2。淡化过程要非常小心，保持经常观察虾苗的活力状态，来确定是否继续淡化。

我国许多地方南美白对虾养殖是在低盐度中进行，需将虾苗进行淡化处理。为节省成本，虾苗淡化通常与中间培育（标粗）同时进行，由于放养密度很高，因此，要保证溶氧充足、水质良好。虾苗淡化时，应根据育苗场的池水盐度，调配好暂养池的池水盐度，放苗以后逐渐淡化。在盐度高且苗种适应情况好的情况下，每天盐度降幅可以较大，但不宜超过 5；当盐度降低到 10 以下时，每天盐度降幅不超过 1，直到池水盐度降到 1.5～2。切记盐度降幅不能太快，并不要淡化至零，否则将影响虾苗的存活率。

86. 如何进行虾苗的中间培育？

(1) 中间培育池的设置

①在养成池的一边修建小池，或用彩条塑料布在养成池拦成一角，占养成池面积的 10%～15%。水深 1 米，池壁坡度在 10°～15°，能顺利排水和收苗。

②也可用一个养殖池，进行中间培育。

(2) 放苗 放苗前，应清池、消毒，繁殖浮游生物。当池水透明度达 40 厘米即可放苗，放苗前注意池水盐度、水温与育苗池接近。中间培育放苗量为 750 万～1 200 万尾/公顷，设施条件好、管理精细的池塘，放苗量可为 1 500 万～2 250 万尾/公顷。

(3) 管理 中间培育主要管理工作是，做好水环境管理与饲料投喂。要求池水的溶解氧不低于 5 毫克/升，透明度为 30～40 厘米，水色应为绿色或黄褐色。可使用粒径为 0.5 毫米的配合饵料（俗称粉料）。每万尾虾苗日投饵量控制为：虾苗体长 1 厘米时 170 克，1.5厘米时 310 克，2 厘米时 480 克，2.5 厘米时 630 克，3 厘米时 880克。每天分 2 次投喂，8：00～9：00、16：00～17：00 时各投喂一半数量。

当虾苗达到体长 2～5 厘米，要及时在晴朗天气时，移苗到养成池进行养殖。

(4) 收苗计数移入养成池 虾苗达到体长 2～5 厘米时，看天气好就要准备收苗。先在中间培养池最低处的堤坝开一口子，装好 3～5 米长的帆布筒，未放苗时，把露在池外的筒口拉起扎紧。当放苗时，把袋口放在大塑料桶内，连水带苗一起放入桶内，至桶内装苗 80%左右时停止放苗。用塑料水勺把大桶内带水的虾苗进行搅拌，看桶内虾苗分布大致均匀时，取出一勺计数。再用水桶，每桶放适量虾苗，根据每池的放苗密度，就可以计算出入池的苗数了。注意在中间培养池每放一次，都要用上述方法计数一次，这称为湿法计数法。

87. 河口区淡化养殖如何在虾苗中间培育阶段调节盐度？

调节盐度是对没有天然海水地区而言的。这些地区需通过购买海水、浓缩海水、海水晶、粗盐或打地下咸水，以调节养殖池塘的水体盐度。由于调节盐度的方法和技术不同，效果也不同。

大量实践表明，在河口区养殖南美白对虾，盐度在5时放苗就足够了。这个盐度既能满足南美白对虾的正常生长，又可以节约成本。

在珠三角地区，有一个既省钱又简易的调节盐度方法：在养殖池塘一角，取1/30～1/10不等的面积，用竹竿和塑料薄膜建成一个标粗池。把池内淡水调节为5左右盐度。虾苗放入标粗池后2～3天，待其适应环境后，用小水泵把养殖大池的水抽到标粗池内，让标粗池内盐度逐渐降低，使大池与标粗池盐度接近或相近，再拆去标粗池塑料薄膜。一般经过5～10天，可以完成淡化过程。在建标粗池时，在塑料薄膜上开一个直径为10厘米左右大小孔，装上30～40目网纱，方便水体交换。

88. 如何因地制宜选择合适的放苗时间？

从理论上讲，当水温达到18℃以上时可以放苗，放苗后虾苗不会被冻死。但从广东、广西和海南等地的实践表明，在水温达到18℃的2～3天后放苗，养殖效果并不好。因为南美白对虾养殖有一个现象，就是养殖到30～50天，体长在5～7厘米时，最容易发病，加上上述地区在每年4～5月，又是阴雨、暴雨或大暴雨季节，所以对虾在突变天气特别容易发病，有些地方发病率甚至达90%以上。许多虾农在总结出上述经验教训后，均把放苗时间安排在4月下旬，多数在5月初才放苗。事实上，从每年5月开始，已从吹东北季风转为吹西南季风，气温比较稳定，而且相对较高，水温基本上在24℃以上。

放苗时间除了避开容易发病季节外，更应考虑养出来的成品虾能卖到好价钱。如广东、广西和海南地区，每年10月以后，虾价逐渐回升，直到翌年5月。在这段时间里，不加盖越冬棚养殖的对虾既要做到不被冻死，又能卖到好价钱，应在 7 月 15 日至 8 月初投放虾苗，在 10～11 月可以上市。如果搭建越冬棚养殖，放苗时间则可延后到 9～10 月，在春节前后上市，售价更高。

在珠三角、粤东和闽南地区，经过多年的探索与实践，尝到了搭越冬棚养殖南美白对虾的甜头。珠三角几乎所有南美白对虾的养殖户，都搭建冬棚养虾。因为，冬棚虾价格比正常养殖季节生产的虾每千克高出 18～20 元，有的销售商甚至提前到虾塘订货，愿意以 40 元/千克收购 100 尾/千克的南美白对虾，但虾农还嫌价钱低。预计 100 尾/千克规格的对虾，纯利润达 20 元/千克以上（冬棚虾成本为 18～22 元/千克）。珠三角土池越冬棚养虾单产为 400～500 千克/亩，每公顷纯利润 12 万元以上。因此，珠三角许多虾农，宁愿放弃夏季养殖南美白对虾，也要安排时间养殖冬棚虾。有冬棚地区全年均可放苗。

89. 为什么虾苗放养 30 天左右最易发病？

虾苗本身携带病毒，放苗后往往养殖 1 个月左右即暴发症状。在华南地区，一般发生在第一造养殖的最后一个寒流的清明后。从气温条件看，25～28℃是病毒暴发的最合适气温。选择不带病毒的虾苗，只解决了病毒垂直感染问题，如果清塘彻底，水质稳定，并以高效优质的饲料养殖，就可以度过养殖 1 个月左右易发病的难关。

90. 哪些天气状况不适合放苗？

放苗时要选择合适的天气，一般寒流袭击、闷热、气压低以及高温的中午前后均不适合放苗。而在阴雨天气，只要不会感觉到闷热、水温在 20℃以上，仍可放苗。

91. 虾苗放入池塘后，出现在水面浮游或大量死亡的原因有哪些？有何对策？

虾苗放养后应迅速潜入池水中，在水面浮游属异常现象，出现死亡更属严重问题。出现此类情况可能有以下原因：

（1）池塘水体与培苗水体在温度、盐度、pH 等因子差异大，虾苗产生应激反应。

（2）池塘水体中农药、残留消毒剂、重金属离子等有毒物质超标。

（3）高温、低压天气，导致池塘水体溶解氧含量过低。

与此相应的对策是：

（1）放苗前，应使池塘水体与育苗水体在盐度和温度尽量保持一致，并检测水体常规理化因子，确定 pH、氨氮、亚硝酸盐处于合理范围。

（2）放苗之前，使用主要成分为有机酸或有机盐的解毒剂处理池塘水体。

（3）选择合理天气放苗。

三、养殖环境调控

92. 良好的水色有何特性？

水色是指溶于水中的物质，包括天然的金属离子、污泥或腐殖质的色素、微生物及浮游生物、悬浮的残饵、有机质及黏土或胶状物等，在阳光下所呈现出来的颜色。但组成水色的主要物质为浮游生物，对水色的影响最大。

良好的水色有以下特性及功能：

（1）可增加水中的溶解氧。由浮游微藻形成的良好水色，由于光合作用，白天能有效增加溶解氧。

（2）稳定水质，降低有毒物的含量。当水中浮游微藻、细菌或浮游动物等大量繁殖时，能吸收由养殖对虾排泄物和残饵产生的氨和硫化氢，并能吸收金属离子使其沉淀，维持生态平衡的功能。

（3）可当饵料生物，提供对虾天然的饵料。

（4）可减少透明度，能抑制丝藻及底藻的滋生。

（5）水体透明度的降低，有利于对虾防御敌害鱼类和鸟类的蚕食。

（6）可稳定水温。

（7）可抑制病菌和有害菌的繁殖。

93. 常见优良水质有哪些表征？

通常所说的适合对虾生长的优良水质，可以简单概括成肥、活、嫩、爽 4 个字。

（1）肥 水体有一定的营养，可供浮游微藻生长繁殖，形成一定浓度的水色，而不是清澈见底。

(2) 活 水体溶氧充足，物质代谢顺畅，浮游微藻正常生长，浮游动物适量繁殖。感官上可察觉到水体无异味发出，用玻璃杯打水，可看到活动的浮游动物。

(3) 嫩 即鲜嫩，相对于老化所讲，指浮游微藻类处于旺盛的生长期，肉眼观察到水色鲜亮，而不是暗淡。

(4) 爽 水体有一定的透明度，而不是混浊、水色过浓或者是水色不均匀。一般来说，养殖前期水色透明度相对较高，养殖后期水色偏浓为正常现象。因为，随着饲料的投喂，水体有机质不断增加，悬浮颗粒、大量繁殖的浮游微藻和溶解态有机物，都会使水色变浓。

94. 常见优良水色有哪些?

常见优良水色有茶色水、绿色水、黄绿色水，一般是由硅藻、或绿藻、或硅藻和绿藻共同为优势种群所形成的水色。

95. 对虾养殖池塘微藻藻相的主要特征有哪些?

南美白对虾养殖池塘水体中的微藻藻相的主要特征包括以下几个方面：一是微藻种类数往往低于水源环境，但微藻数量和生物量远高于水源环境；二是微藻群落的优势种相对单一，且优势度极其明显，随着养殖时间的推移，池塘水体营养盐浓度不断升高，耐污种类和赤潮种类的数量和生物量均明显升高；三是高位池集约化养殖、滩涂土池半集约化养殖、河口区土池淡化养殖、温棚养殖、鱼虾贝多品种混合养殖等养殖方式的微藻数量和生物量的动态变化趋势基本类似，多呈现养殖初期较低，随着养殖时间的推移，其数量和生物量不断升高；四是微藻优势种演替具有突发性、时间短、速度快的特点；五是微藻群落的生物多样性指数，基本可表征养殖水质的富营养化程度。

96. 对虾养殖池塘中的微藻优势种有哪些?

不同养殖类型池塘的微藻群落组成存在一定的差别，这主要是因为不同的客观环境差异和人为因素作用所造成的。有研究表明，养殖过程中水温、盐度、环境营养水平及养殖管理措施等，均可显著影响池塘微藻群落的结构。据相关报道，在河口区淡化养殖土池和滩涂土池中，啮蚀隐藻（*Cyrptomonas erosa*）、小球藻（*Chlorella vulgaris*）均为优势种，新月菱形藻（*Nitzschia closterium*）为常见种；高位池微藻优势种，主要包括波吉卵囊藻（*Oocystis borgei*）、小球藻（*Chlorella* sp.）、透镜壳衣藻（*Phacotus lenticularis*）、小席藻（*Phormidium tenue*）、鞘丝藻（*Lyngbya* sp.）、小颤藻（*Oscillatoria tenuis*）、铙孢角毛藻（*Chaetoceros cincius*）、柱状小环藻（*Cyclotella stylorum*）、细小桥弯藻（*Cymbrlla pusilla*）和扁多甲藻（*Peridiniom depressum*）10 种。还有研究者提出，海水高位精养虾池在养殖前期，浮游微藻优势种主要有伏氏海毛藻（*Thalassiothrix frauenfeldii*）、菱形海线藻（*Thalassionem anitzschioides*）、日本星杆藻（*Asterionella japonica*）、洛氏角毛藻（*Chaetoceros lorenzianus*）和中肋骨条藻（*Skeletonem acostatum*）等；到了养殖中、后期，随着氮磷营养盐不断丰富，一些耐污性较强的绿藻类等也成为优势种，如绿球藻（*Chlorococcus* sp.）、栅列藻（*Scenedesmus* sp.）、实球藻（*Pandorina* sp.）、盘星藻（*Pediastrumn* sp.）和直板藻（*Penium* sp.）。通常，高位池养殖对虾所用水源多经砂滤处理方式进入池塘，自然水源的大部分微藻种类被过滤而未进入池塘，造成高位池水体微藻群落的多样性水平不高。对低盐度虾池微藻群落的分析显示，绿藻类多为常见种，蓝藻类常在种类和数量上占较大比重，形成优势种，如颤藻（*Oscillatoria*）、螺旋藻（*Spirulina*）、假鱼腥藻（*Pseudanabaena*）和微囊藻（*Microcystis*）等。尤其是养殖后期，虾池微藻优势种的优势度尤为突出，多样性较低，与此同时，水体的富营养化程度较高，富营养的水质环境有可能是蓝藻类大量发生、形成高优势度的主要原因。蓝藻的大量增殖抑制硅藻、绿藻类等的生长，并且蓝藻优势种之间也存在类似的抑制关系。总体而言，高位池微藻群落结构的种类数量相对较少，物种多样性水平低，强优势种的优势度高。因此，其微藻群落稳定性较滩涂土池和河口区淡化养殖土池低，容易发生优势种更替、群落演替频繁等状况。池塘微藻群落的剧烈变动不利于保持优良的水体环境，也不利于养殖对虾的健康生长。通常认为，在对虾养殖生产过程中池塘形成以绿藻和硅藻为优势的微藻群落有利于维持良好的水体环境，促进对虾的健康生长。而池塘中的大部分蓝藻对养殖对虾多属于有害微藻，在以蓝藻为优势的水体环境中不利于养殖动物的存活和生长，养殖对虾在有害蓝藻为优势的环境中容易出现病害甚至死亡。因此，有必要防控池塘形成以蓝藻为优势的微藻群落结构。

97. 为何虾池特定微藻优势种群具有较强竞争优势?

综合分析对虾养殖池塘微藻群落动态变化的规律可以发现，绿藻门的蛋白核小球藻（*Chlorella pyrenoidosa*）、硅藻门的条纹小环藻（*Cyclotella striata*）、蓝藻门的绿色颤藻（*Oscillatoria chlorinum*）和铜绿微囊藻（*Microcystis aeruginosa*）均为池塘水体的常见微藻强优势种。在不同的养殖季节和养殖模式条件下，以上 4 种微藻优势种的出现频率、数量变化和生态优势虽然存在一定的差别，但多占据强势生态竞争地位。其实，水体微藻群落的时空分布特性、优势种群的演替、生态功能的微调等，均与水环境的温度、盐度、pH、营养及天气条件等生态因子密切相关。

（1）不同种类微藻对温度的适应性，是其在不同季节成为优势种的主要原因之一。例如，波吉卵囊藻（*Oocystis borgei*）的最适生长温度为 25～30℃，故在春季不易成为优势种；而角毛藻（*Chaetoceros*）、新月菱形藻（*Nitaschia closterium*）等硅藻种类的适温范围相对较低，为 20～25℃，因此在春季容易成为优势种。其他如蛋白核小球藻、诺氏海链藻（*Thalassiosira nordenskioldi*）和微小斜纹藻（*Pleurosigma minutum*）等绿藻和硅藻也多受温度因素的影响，容易于春季形成优势。

（2）对水体盐度的适应性，也是决定微藻优势地位的重要因素。小球藻具有很宽的盐度适应范围，从淡水到盐度为 40 的高盐度海水均可正常生长繁殖；新月菱形藻和小环藻等硅藻也具有较宽的盐度适应性，从淡水到海水环境也能正常生长。所以，它们无论是在海水还是淡水的对虾养殖池塘，均具有成为优势种的潜在可能性。相对而言，蓝藻中的铜绿微囊藻、水华微囊藻等长期最大耐受盐度在 7 左右，而颤藻的适宜盐度为 10～15 以上，所以，低盐度养殖水体容易形成以微囊藻为优势的蓝藻群落，而较高盐度的海水养殖池塘则多形成以颤藻为优势的蓝藻群落。

（3）不同种类的微藻之间普遍存在种间竞争，由于微藻种群在生态位因子方面的竞争效应，往往会引起水体环境微藻群落的变化，在不同的时空条件下形成不同的微藻优势种，发生优势种群的更迭演替。如在淡水或低盐度池塘中，微囊藻和斜生栅藻（*Scenedesmus obliquus*）的种间竞争明显，其中，微囊藻对栅藻的抑制能力是栅藻对微囊藻抑制能力的 7 倍，可见，微囊藻的强势种间竞争力可能是其暴发形成水华的关键因素。就微囊藻和小球藻的竞争比较而言，在适宜条件下微囊藻以任意数量比例与小球藻进行混合培养，最终微囊藻均能取得极大生态竞争优势，小球藻则在微囊藻的影响下不断衰亡，而且在强光照、高水温，富营养的条件下，微囊藻的竞争优势更为显著。故而，在南美白对虾养殖的中、后期，进入高温养殖季时极为容易形成蓝藻优势，并且难以通过人为调控措施抑制蓝藻，其内在原因是池塘中颤藻、微囊藻等蓝藻种类对富营养化的水环境具有更好的适应性，养殖中、后期高营养的水体为其大量生长繁殖提供有利的外部环境；其次，蓝藻的种间竞争优势强于绿藻、硅藻、隐藻等其他种类微藻，且该优势一旦形成，在外部环境未发生根本性改变的情况下，始终占据优势生态位，压制其他微藻种类的生态空间。

所以，在养殖过程中要实现对水体微藻环境的定向调控，还需以具有一定竞争生态优势的优良绿藻、硅藻的种类作为技术抓手，根据不同养殖阶段、不同的水环境营养状况以及有益菌对不同种类微藻的干预影响等为基础，构建以特定优良绿藻或硅藻为优势的微藻环境，始终防控有害蓝藻或甲藻的暴发式生长。

98. 如何判别虾池环境中常见的有害蓝藻种类？

（1）绿色颤藻 对虾养殖池塘优势种，海水养殖池塘和低盐度淡化养殖池塘均可见，以群体形式存在。原植体为单条藻丝或多条藻丝组成的块状漂浮群体，藻丝不分枝，较宽，能颤动，横壁不收缢。以藻殖段方式繁殖。细胞为短柱状或盘状，原生质体均匀无颗粒，细胞长 4～8 微米。

(2) 铜绿微囊藻　池塘水体中的微囊藻以群体形式存在，多见于低盐度淡化养殖水体。群体呈球形团块状或不规则团块，橄榄绿色或污绿色，为中空的囊状体，群体外具有胶被，质地均匀，无色透明。群体中细胞分布均匀而密贴。细胞球形、近球形，直径 3～7 微米。原生质体灰绿色、蓝绿色、亮绿色和灰褐色。

(3) 水华微囊藻　多见于低盐度淡化养殖水体，以群体形式存在。群体为球形、长圆形，形状不规则网状或窗格状；群体无色、柔软而具有胶被。细胞球形或长圆形，多数排列紧密；细胞淡蓝绿色或橄榄绿色，有气泡。可自由漂浮于水中或附着于水中的各种基质上。

99. 虾池环境中常见的有害甲藻有哪些？

南美白对虾高位池养殖水体常见的甲藻种类有锥状斯氏藻、钟形裸甲藻、微小原甲藻、透明原多甲藻、大角藻和飞燕甲藻等；滩涂养殖土池水体常见的甲藻种类为微小多甲藻、真蓝裸甲藻和赤潮异弯藻等。虾池中的大部分甲藻具有较好的环境适应性，在水体盐度 5～30、水温 20～30℃、pH 7.0～8.7 的水质条件下均可生长。一般随着水体富营养化水平不断升高，容易引起甲藻暴发式的增长繁殖，使水体变为淡红色、暗红色或红棕色，发出腥臭味。有些甲藻种类还可产生甲藻毒素，破坏动物的呼吸系统、神经系统和肌肉组织，严重影响养殖对虾的存活与健康生长。

100. 如何判别虾池环境中的常见有害甲藻种类？

(1) 大角藻　单细胞，细胞具 3 个明显的角，胞壁厚，具平滑或具窝孔状的板片，其间具板间带，具或不具顶孔，色素体多数，颗粒状，呈黄、褐色。

（2）**锥状斯氏藻** 又称锥状斯克里普藻。细胞梨形，长 16～36 微米、宽 20～23 微米。上椎部有突起的顶端，下椎部半球形。横沟宽，位于中央。孢囊球形至卵圆形，钙质，多刺。叶绿体黄褐色。

（3）**裸甲藻** 细胞长形，背腹显著扁平。上锥部与下锥部等大或比下锥部略大而狭，铃形、钝圆形，下锥部略宽，底部末端平，常具浅的凹起。横沟环状，略左旋，深陷，纵沟宽，向上伸入上锥部，向下达下锥部末端。色素体多数，小盘状，呈蓝绿色；无眼点。

（4）**多甲藻** 藻体单细胞，椭圆形、卵形或多角形；具 1 个大的细胞核。背腹扁，背面稍凸，腹面平或凹起，纵沟和横沟明显，细胞壁有多块板片组成。有多个色素体，形状为粒状，周生，黄褐色、黄绿色或褐红色。有的种类具有蛋白核。

（5）**原甲藻** 细胞呈圆形或心形，左右侧扁，细胞壁中央有 1 条纵列线，将细胞分为左右 2 瓣；具有 2 个侧生的色素体。2 条鞭毛自前端伸出，壳面有孔状纹。

101. 茶色水是由什么微藻引起的？有什么特点？

养殖池水中浮游硅藻（如角毛藻、新月菱形藻等）占优势，即呈现茶色。硅藻是幼虾的优质饵料，保持此种水色，可使对虾生长快速、抗病力强。

需特别注意的是，浮游硅藻对环境、气候和营养变化敏感，此种水色容易发生变化。

102. 绿色水是由什么微藻引起的？有什么特点？

养殖池水中浮游绿藻（如小球藻、扁藻等）占优势，则呈绿色。绿藻生长稳定，可以吸收水体中大量的氮、磷元素，净化水质效果明显。相对于浮游硅藻来说，浮游绿藻对环境的适应性更强，因此，绿色水比较稳定。

养殖前期绿色水一般呈现鲜绿色，养殖中、后期水体营养丰富，微藻生长旺盛，透明度较低，水色逐渐变为浓绿。

103. 黄绿色水是由什么微藻引起的？有什么特点？

养殖池水中浮游硅藻和浮游绿藻共同占优势，则呈黄绿色。此种水体中，浮游微藻种类更加丰富，兼备了绿色水和茶色水的优点，是对虾养殖的上佳水色。

104. 养殖过程如何培养和维护优良水色？

优良的水质环境，对对虾养殖至关重要。优良水质的稳定维持需要采取多项措施，在养殖初期及时培养优良浮游微藻，在养殖过程中对水质进行合理维护。

优良水色的重要前提条件是，进水前彻底的清淤和良好水源的选择。

浮游微藻培养如图7所示。在水体有藻种的情况下，选择晴天使用芽孢杆菌和藻类营养素培养水色。

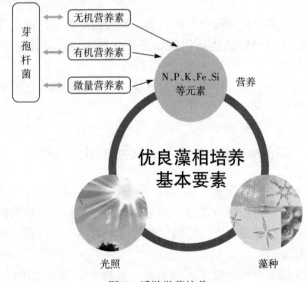

图 7 浮游微藻培养

藻类营养素种类的选择：

（1）养殖初期使用有机或无机营养素，养殖中、后期使用无机营养素。

（2）高位池或新挖土池使用有机营养素，池塘有机质多的土池使用无机营养素。

（3）微量营养素适宜与有机、无机营养素搭配使用。

培养浮游微藻的具体步骤为：

（1）进水消毒后，施放藻类营养素和芽孢杆菌。

（2）5～7天后，视水质肥瘦程度，选择性补施藻类营养素。

（3）养殖过程，每隔7～15天使用芽孢杆菌，将池塘有机质转化为浮游微藻能吸收的营养素。

（4）养殖中、后期，视藻类生长状况施放营养素。

优良水色维护：水色过浓或阴雨天气时，使用光合细菌，吸收水体富余的营养；水体泡沫过多时，施放乳酸菌。

105. 常见不良水色有哪些？

常见不良水色有乳白色、水色清澈见底、青苔色、水色混浊、偏黄色且不清爽、蓝绿色、酱油色或红色、泡沫多和暗绿色等。

106. 如何调控养殖池塘水色呈乳白色？

这种水色在养殖前期较为常见。

【成因和危害】浮游动物（如枝角类、桡足类等）大量繁殖，摄食水中的浮游微藻，致使水色变清、变浊，容易导致溶解氧缺乏，氨氮、亚硝酸盐偏高，有害菌繁殖。

【处理措施】

（1）如果对虾体长在2厘米以上，能够摄食浮游动物时，先停止投喂饲料，然后，再添加5～8厘米含有优良藻种的新水，使用芽孢杆菌和浮游微藻营养素培养浮游微藻，形成水色。

（2）如果对虾较小，尚未能摄食大型浮游动物时，可使用药物先杀灭浮游动物，然后，再添加 5～8 厘米含有优良藻种的新水，使用芽孢杆菌和浮游微藻营养素培养浮游微藻，形成水色。

107. 如何调控养殖池塘水色清澈见底？

水色清澈见底是水体中微藻无法繁殖的具体表现。

【成因和危害】

（1）水体中含有大量重金属或其他残毒物质，浮游微藻难以繁殖生长。

（2）池塘土壤为酸性土壤，致使水体酸性，浮游微藻无法生长。

（3）水体消毒时使用药物不当，杀死浮游藻类。

【处理措施】

（1）先更换部分池水以后，使用络合剂消除残毒，再使用芽孢杆菌和浮游微藻营养素培养浮游微藻。

（2）铺设地膜隔绝酸性土壤，或用生石灰多次改良土质，待土壤酸碱度正常后方可养虾。

（3）待药物药效消失后，水源条件优越的可添加 5～8 厘米含有优良微藻藻种的新水，再使用芽孢杆菌和浮游微藻营养素培养浮游微藻。

108. 如何调控养殖池塘青苔？

【成因和危害】没有及时采取肥水措施或者施肥不当，水体中浮游微藻繁殖较慢，透明度大，阳光直射到池塘底部，造成青苔大量繁殖。青苔死亡后，产生大量有机物，严重污染塘底，会引起对虾发病。

【处理措施】

（1）如未放苗，应先排干池水，将池塘里的青苔捞走，重新清塘，使用芽孢杆菌和浮游微藻营养素培养浮游微藻，形成水色。

（2）如已放苗，可一次性加入大量浮游微藻丰富的新水，并使用芽孢杆菌和浮游微藻营养素培养浮游微藻。

（3）少量青苔对对虾生长并无大碍，只需多开增氧机增氧，使用有益菌稳定水质。

109. 如何调控养殖池塘混浊水色？

【成因和危害】多数情况出现在较大的降雨后，浮游微藻大量死亡，雨水冲刷泥浆涌入池塘，导致这种水色的形成。此类水质变化较大，对虾容易出现应激；水体中悬浮颗粒多，也会使溶解氧降低，并可能堵塞虾的鳃部，影响正常呼吸。

【处理措施】

（1）使用腐殖酸钠、沸石粉等有助于水体澄清。

（2）使用增氧剂或过氧化钙增加底部溶氧，改良底质。

（3）使用光合细菌、乳酸菌等有益菌净化水质。

（4）水色透明度提高之后，使用芽孢杆菌和浮游微藻营养素培养浮游微藻，营造水色。

（5）注意加开增氧机，水源条件优越的，可在培养浮游微藻之前添加部分新水。

110. 如何调控养殖池塘水色呈偏黄色且不清爽？

【成因和危害】水体有机物过多，甲藻、金藻等大量繁殖，影响对虾正常生长。

【处理措施】先用腐殖酸络合抑制有害藻，调节水体 pH（少量多次），再配合使用光合细菌和芽孢杆菌调节水质。

111. 如何调控养殖池塘水色呈蓝绿色？

【成因和危害】水体富营养化或施肥不当，导致蓝藻大量繁殖，严重的在池塘下风处有油漆状蓝色物质，可闻到异味。这种水体中的对虾，长速缓慢，成活率低，发病率高。

【处理措施】如果对虾体质强壮且气候稳定，可考虑先杀藻再调水。具体措施为：①用杀藻剂将蓝藻杀灭；②蓝藻明显减少后排掉适量底层水，纳入部分新水，同时，使用底质改良剂改善底质；③使用络合剂，缓解对虾应激和消除药残；④施放芽孢杆菌和适量微藻营养素，重新培养优良微藻。

如果不进行杀藻，可采取适量换水后，使用腐殖酸钠、芽孢杆菌和光合细菌，抑制蓝藻，调节水质。如处理一次未达理想效果，可再将此措施重复进行。

112. 如何调控养殖池塘水色呈酱油色或红色？

【成因和危害】水体富营养化，导致裸甲藻、鞭毛藻等赤潮藻类大量繁殖。藻类死亡后会产生毒素，危害对虾。

【处理措施】同蓝绿水处理措施。

113. 如何调控养殖池塘水体泡沫多？

【成因和危害】水体溶解态有机物偏多，营养物质超过有益菌分解和微藻吸收的负荷。池水富营养化，易造成氨氮、亚硝酸盐增高，pH 降低，并且易滋生有害藻和病原微生物。

【处理措施】加量使用乳酸菌和芽孢杆菌，促进有机物的分解，保持水体中物质代谢的顺畅。

114. 如何调控养殖池塘水色呈暗绿色？

【成因和危害】养殖后期较为常见，因水体物质代谢不畅、微藻老化所致。这类水体中溶解氧偏低，底质较差，处理不及时，容易引发虾病。

【处理措施】适量换水，使用增氧剂或过氧化钙改善底质，再使用乳酸菌和芽孢杆菌调节水质。

115. 养殖池塘水体需要解毒吗？

需要。随着全国各地工业化进程的不断加快，水源污染越来越严重，而且不单单是外源水源污染，池塘本身的污染，也在随着养殖的进行而快速累积。如果不注重在养殖过程中定期排解毒素，池塘的生态系统早晚会崩溃，养殖难以获得成功。

116. 如何降解养殖池塘毒素？

毒素的种类有：
（1）农药、消毒药、杀虫剂等药残。
（2）锰、铁、铜、砷等重金属离子。
（3）氨氮、亚硝酸盐、硫化氢等有毒因子。
（4）生物毒素（如藻毒）等。
毒素的降解方法为：
（1）螯合剂螯合、钝化降解。
（2）强氧化剂分解。
（3）微生物转化。

117. 利用地下水养虾，在放苗前该如何处理水质？

由于地质的原因，部分地下水刚抽出来时，氨氮和铁的含量偏高，如不经处理直接放苗，会影响虾苗的成活率。
处理方法为：
（1）充分曝气，让氨氮挥发和氧化。
（2）泼洒络合金属离子的解毒剂，消除铁等金属离子。
（3）施放芽孢杆菌制剂和浮游微藻营养素，培养有益菌相和浮游微藻，吸收氨氮。
（4）使用反硝化菌制剂，处理由氨氮转化形成的亚硝酸盐。

118. 虾池放苗前如何做水？

放苗前，营造一个藻相和菌相平衡的水环境非常重要。具体做法为：

（1）池底较肥的老塘和鱼塘改造的虾池，由于池底的有机物较多，可以施用无机复合营养素（浮游微藻营养素），来培育浮游微藻。同时，施用能把塘底的有机物分解成浮游微藻生长所必需的营养元素的有益细菌——芽孢杆菌。用这种方法做起来的水色稳定、持久。

（2）新挖的虾池或者高位池，由于池塘较干净，需用无机、有机复合营养素（浮游微藻营养素），来维持长效持久的水色。可以采用有机、无机复合营养素，加芽孢杆菌制剂一起浸泡4～5小时后再泼塘，一般在晴天情况下，3天可得到良好的水色。

119. 养殖生产常见的有益微生物制剂有哪些？

近年来，微生物工程技术日益成为水产养殖工作者的焦点。实践证明，微生物技术的应用，体现了健康养殖的安全理念，可以取得良好的经济效益和生态效益。

目前，微生物制剂的应用已被广大对虾养殖从业者所接受。在对虾养殖生产中使用效果明显、生产工艺成熟、质量稳定的微生物制剂，有芽孢杆菌制剂、光合细菌制剂和乳酸菌制剂三大类。

120. 如何使用芽孢杆菌制剂？

【特性】芽孢杆菌能分泌丰富的胞外酶系，降解淀粉、葡萄糖、脂肪、蛋白质、纤维素、核酸、磷脂等大分子有机物，性状稳定，不易变异，对环境的适应性强，在咸、淡水环境和pH 3～10、5～45℃范围内均能繁殖，兼有好气和厌气双重代谢机制，产物无毒。

【用途】在虾池中使用，能迅速降解养殖代谢产物，促进优良浮游微藻繁殖，延缓池底老化，同时抑制有害菌繁殖，改善水体质量；在饲料中添加投喂，能改善对虾消化道内的微生态环境，增强对营养物质的吸收，并能提高对虾的免疫力。

【用法与用量】按有效水深1米计算，使用含有效活菌10亿/克的芽孢杆菌制剂。每次使用量为0.5～1千克/亩，使用前用水浸泡后全池泼洒，每 7~15 天使用 1 次，养殖全过程均可使用；以 0.3%~0.5% 的用量，添加于饲料中一起制粒，或者拌饲料投喂。

【注意事项】不要与消毒剂或抗生素混合使用；池塘使用消毒剂 2~3 天后，才能使用芽孢杆菌。

121. 如何使用光合细菌制剂？

【特性】光合细菌主要为红螺菌科的细菌，能在光照条件下利用小分子有机物作为供氢体，同时，以这些小分子有机物作为碳源利用。它们能利用铵盐、氨基酸或氮气作为氮源。

【用途】可迅速消除养殖水体中的氨氮、硫化氢、有机酸等有害物质，平衡浮游微藻繁殖，改善水质，平衡酸碱度；在饲料中添加，可促进对虾生长并增强其抗病力。

【用法与用量】按有效水深 1 米计算，使用含有效活菌 5 亿/毫升的光合细菌制剂。每次使用量为 1~1.5 千克/亩，全池泼洒，可每 7~15 天使用 1 次；以 2%~5% 的添加量，拌饲料投喂。

【注意事项】不要与消毒剂或抗生素混合使用；池塘使用消毒剂 2~3 天后，才能使用光合细菌。

122. 如何使用乳酸杆菌制剂？

【特性】乳酸杆菌能降解、转化小分子有机物，也可利用无机物。在繁殖过程中产生抑菌活性代谢产物（如乳酸菌肽），能调节机体肠道菌群正常。

【用途】在虾池中使用，能分解溶解态有机物，平衡浮游微藻的繁殖，调节 pH，吸收池水中的氨氮、亚硝酸盐、硫化氢等有害因子；在饲料中添加，可促进对虾对营养物质的消化吸收，降低饲料系数。

【用法与用量】按有效水深 1 米计算，使用含有效活菌 5 亿/毫升的乳酸杆菌制剂。每次使用量为 1~1.5 千克/亩，全池泼洒，可每 7~15 天使用 1 次；以 2%~5% 的添加量，拌饲料投喂。

【注意事项】不要与消毒剂或抗生素混合使用；池塘使用消毒剂2～3天后，才能使用乳酸杆菌。

123. 为何要将不同种类的有益菌制剂进行联合使用？

由于不同种类的有益菌生理、生化特性各有不同，养殖过程中可根据水质情况将它们进行科学搭配使用，通过协同作用增强水质净化效率。例如，当养殖水体中微藻生长不良时，可选择将芽孢杆菌与乳酸杆菌、光合细菌配合使用，利用芽孢杆菌快速降解池塘中的有机物，乳酸杆菌或光合细菌则起净化水质作用，同时，乳酸杆菌、光合细菌制剂培养液中的其他营养成分还可作为微藻的营养素被吸收利用，促进微藻的生长繁殖。利用光合细菌和芽孢杆菌协同净化南美白对虾的养殖水体，对COD的净化率可达到40%以上，对氨氮和亚硝酸盐的净化率为35%和81%，均明显高于单独使用光合细菌、芽孢杆菌的净化效率。在南美白对虾养殖过程中，每周定期将芽孢杆菌搭配乳酸杆菌使用，对水体氨氮和COD的净化率最佳，可分别达到65%和37%。可见，在对虾养殖生产过程中充分利用不同种类有益菌的生态特性，根据池塘水质具体情况，科学地把各种有益菌制剂进行组合搭配使用，可有效增强水体环境调控效果。

124. 何谓溶藻菌，它对微藻的作用方式有哪些？

溶藻菌是指通过直接或间接方式抑制微藻生长或杀死微藻，从而溶解藻细胞的微生物。溶藻菌并非是简单地杀死水体全部或者是某些微藻，而是能明显调节微藻的群落结构，将微藻种群密度调节到一个适当的程度，使其朝着较为稳定的方向发展，对维持水体微藻群落结构的平衡具有非常重要的作用。溶藻菌抑制微藻生长的主要方式，包括直接溶藻和间接溶藻。直接溶藻是指溶藻菌主动攻击接触微藻藻细胞后，侵入并破坏其细胞结构从而杀灭微藻；间接溶藻是指溶藻菌通过释放特异性或非特异性的胞外物质溶藻，或以竞争营养物质、形成菌胶膜、进入藻细胞杀藻等方式杀灭微藻细胞。目前，已报道的溶藻活性物质主要有蛋白质、多肽、氨基酸、抗生素、含氮化合物、生物碱和色素等。

125. 溶藻菌的常见菌种有哪些？

目前已有报道的溶藻菌常见菌种，主要有芽孢杆菌属（*Bacillus*）、黏细菌属（*Myxobacter*）、黄杆菌属（*Flavobacterium*）、节杆菌属（*Arthrobacter*）、葡萄球菌属（*Staphylococcus*）、弧菌属（*Vibrio*）、噬胞菌属（*Cytophaga*）、假单胞菌属（*Pseudoalteromonas*）、鞘氨醇单胞菌属（*Sphingomonas*）、腐生螺旋体属（*Saprospira*）、屈挠细菌属（*Flexibacter*）、纤维弧菌属（*Cellvibrio*）和蛭弧菌属（*Bdellovibrio*）等。不同种类的微生物，对不同的微藻种类的溶解效果和生态功能均存在较大区别。

126. 蓝藻溶藻菌对南美白对虾是否有害？

蓝藻溶藻菌一方面可溶解对虾养殖水体中的微囊藻、颤藻等有害蓝藻；另一方面还可以分解去除蓝藻毒素，避免藻毒素对养殖对虾的不良影响。将蓝藻溶藻菌应用于养殖池塘，所选择的菌株还必须具有良好的蓝藻溶解专一性，仅对蓝藻细胞具有溶解效应，对虾池中的绿藻和硅藻等优良微藻无不良影响，从而促进水体环境形成以绿藻、硅藻等优良微藻为优势的微藻藻相。再者，菌株还应具备良好的生物安全性和生态安全性，需检验证明其对养殖对虾和其他动物无不良影响，符合微生物制剂产品相关标准要求。只要满足以上条件，才能保证蓝藻溶藻菌制剂在对虾养殖生产中取得良好的应用效果。

127. 如何使用蓝藻溶藻菌制剂？

（1）当虾池水体中的颤藻、微囊藻等有害蓝藻数量较多，对虾处于不易发病阶段，体质健康，可先杀蓝藻再调节水环境。首先，施用杀藻剂杀灭部分蓝藻，蓝藻数量明显减少后，适量排出底层水，引进部分新鲜水，施用底质改良剂改良底质，或施用络合剂缓解养殖对虾的应激效应；然后，施用蓝藻溶藻菌或配合使用分解有机质的芽孢杆菌制剂，在溶解杀灭有害蓝藻细胞的同时及时降解死藻残体；随后，配套施用无机营养素或液体复合营养素，以培育新的优良微藻。

（2）养殖对虾处于易发病阶段或体质较弱，则不适宜采用杀藻措施，应以调水控藻为主。首先，可适量换水，施用底质改良剂改良底质优化池塘环境，再施用部分络合剂缓解养殖对虾的应激效应；然后，施用蓝藻溶藻菌或配合使用分解有机质的芽孢杆菌和光合细菌；随后，施用无机营养素或液体复合营养素，以培育新的优良微藻，若蓝藻数量较多，可每隔3天再重复施用2～3次蓝藻溶藻菌。

（3）养殖过程中发现蓝藻数量正处于明显上升过程但仍未形成生态优势，此时可直接施用蓝藻溶藻菌，防控蓝藻的大量生长繁殖，并配合使用芽孢杆菌、乳酸杆菌或光合细菌等有益菌制剂，净化养殖水质，及时降解死藻残体。

具体的溶藻菌用量与用法，需根据池塘蓝藻生物量优势度高低、天气情况、菌株溶藻特性、对虾健康状况的具体情况而定，否则即使有好的菌株，若使用不当也有可能达不到预期效果。

128. 何谓解磷菌，常见菌种有哪些？

能够将植物难以吸收利用的磷转化为可利用形态磷的微生物，称为解磷菌或溶磷菌。通过向池塘养殖系统添加解磷菌，可以将沉积在池塘底部的难溶性磷释放出来，加速养殖系统的磷循环，使沉积物中的磷被微藻重新利用，从而减轻池塘的富营养化负担。目前，已报道的解磷细菌种类有芽孢杆菌属（*Bacillus*）、假单胞菌属（*Pseudomonas*）、欧文氏菌属（*Erwinia*）、埃希氏菌属（*Escherichia*）、土壤杆菌属（*Agrobacterium*）、沙雷氏菌属（*Serratia*）、黄杆菌属（*Flavobacterium*）、肠细菌属（*Enterobacter*）、微球菌属（*Micrococcus*）、固氮菌属（*Azotobacter*）、沙门氏菌属（*Salmonella*）、色杆菌属（*Chromobacterium*）、产碱杆菌属（*Alcaligenes*）和节细菌属（*Arthrobacter*）等；解磷真菌主要有青霉属（*Penicillium*）、曲霉属（*Aspergillus*）和根霉属（*Rhizopus*）；解磷放线菌则绝大部分为链霉菌属（*Streptomyces*）。在水产养殖行业应用解磷菌制剂，所选菌株应适应养殖池塘水体环境，且应确保对养殖生物及水体生态环境均具备安全性。

129. 何谓絮凝菌，常见菌种有哪些？

絮凝菌是一类可产生絮凝活性高分子物质的微生物，其形成的絮凝成分主要有糖蛋白、多糖、蛋白质、纤维素和 DNA。目前常见的絮凝微生物，主要包括产碱杆菌属（*Alcaligenes*）、芽孢杆菌属（*Bacillus*）、土壤杆菌属（*Agrobacterium*）、肠杆菌属（*Enterobacter*）、乳酸杆菌属（*Lactobacillus*）、节杆菌属（*Arthrobacter*）、厄氏菌属（*Oerskovia*）、不动杆菌属（*Acinetobacter*）、假单胞菌属（*Pseudomonas*）、动胶菌属（*Zoogloea*）、氮单胞菌属（*Azomonas*）、红球菌属（*Rhodococcus*）、诺卡氏菌属（*Nocardia*）、分支杆菌（*Mycobacterium*）、曲霉（*Aspergillus*）、拟青霉（*Paecilomyces*）、链霉菌（*Streptomyces*）和酵母菌（*Saccharomyces*）等。就水产养殖池塘的絮凝菌产业应用而言，所选用的菌株须适应池塘水体环境，并且保证其对养殖生物及水体环境均具备安全性。

130. 何谓硝化菌，常见菌种有哪些？

硝化菌通过硝化作用氧化无机化合物获取能量来满足自身的代谢需求，并且以 CO_2 作为唯一的碳源，是典型的化能无机营养微生物。硝化作用可以分为两个相对独立而又联系紧密的阶段。第一阶段是氨氮被氧化为亚硝酸盐的过程，称为亚硝化作用或氨氧化作用，由氨氧化细菌完成；第二阶段是亚硝酸盐氧化为硝酸盐的过程，称为硝化作用，由亚硝酸盐氧化细菌完成。所以，通常所指硝化作用实际上由氨氧化细菌和亚硝酸盐氧化细菌协调完成。常见的硝化菌种类，主要包括硝化杆菌属

（*Nitrobacter*）、硝化刺菌属（*Nitrospina*）、硝化球菌属（*Nitrococcus*）、硝化螺菌属（*Nitrospira*）、亚硝化单胞菌属（*Nitrosomonas*）、亚硝化螺菌属（*Nitrosospira*）、亚硝化球菌属（*Nitrosococcus*）、亚硝化叶菌属（*Nitrosolobus*）、亚硝化弧菌属（*Nitrosovibrio*）、假单胞菌属（*Pseudomonas*）、产碱杆菌属（*Alcaligenes*）和节杆菌属（*Arthrobacter*）等。

131. 常用的水产养殖专用肥有哪几种？各有何特点？

常用的水产养殖专用肥，主要有无机复合专用肥、有机无机复合专用肥、氨基酸专用肥和微量元素专用肥 4 种。

（1）无机复合专用肥 按优良浮游微藻对氮、磷、钾、硅等营养的需求，以无机营养盐复配而成，具有起效快、但肥效维持时间较短的特点，适合于有机质多的池塘使用。

（2）有机无机复合专用肥 主要为发酵有机质（如发酵鸡粪）构成，配比氮、磷、钾等无机营养盐，具有肥效维持时间长、但起效较慢的特点，适合于底质干净和池底保肥能力差的池塘在养殖初期使用。

（3）氨基酸专用肥 富含多肽的营养盐，具有溶解性好、浮游微藻利用率高的优点，适用于养殖整个过程。

（4）微量元素专用肥 按优良浮游微藻的生理特性，将不同微量元素复配而成，具有针对性强、量少、高效的特点，适合于水体微量元素缺乏的池塘使用。

132. 养殖中、后期还需不需要施肥？

一般认为，随着养殖中、后期投饵量和排泄物的增加，可为浮游微藻生长提供源源不断的营养，忽视了浮游微藻的营养调节，这种观点其实是不对的，其原因有以下两点：

（1）养殖前期，经过人工调控，池塘水体的营养成分比较符合优良浮游微藻的需求，藻相一般比较优良。养殖中、后期虽然代谢产物累积，池塘环境呈现富营养状况，但水体中的营养成分并不平衡。如果不加以调控，优良藻相很难维持，随着水体富营养化程度的加深，将导致有害藻类大量繁殖。

（2）水体富营养化，不等于浮游微藻所需的营养盐均衡增多，尤其是微量元素，因得不到外源性的补充，而称为限制浮游微藻正常繁殖的关键因子。

因此，养殖中、后期需要施肥，但要根据实际情况有针对性地施肥，重点以补充水体营养为主。注意不要使用含固体有机质过多的有机肥，防止加重池塘污染。

133. 如何处理虾塘池底"青苔很多、水肥不起来、池水很清"？

南方地区气温高，老虾塘水色很不稳定，不仅对虾难以生存，而且优良微藻也培养不起来。这时候如果施肥，则越施肥料，塘水越清。原因是肥料问题，特别是化肥，进入水体后，很快会被底生藻类吸收，优良浮游藻类就得不到营养。池塘水体越浅，池水越清，水色越培养不起来，因为阳光能直射水底，底生藻类得以疯长。一旦形成了恶性循环，只能放水重新施肥了。所以，肥水时一定要一次性进水并达到最高水位，这样可以减少底生藻类被阳光直射后疯长的机会。

另外在施肥时，使用的肥料不能单一，要按塘底本身的营养程度，考虑是老塘还是新塘，是泥底还是沙底，而施用不同的有机肥或无机肥。现在，有的养殖者把化肥在进水口用吊袋将发酵的鸡粪吊在塘边追肥，可以很好地解决浮游藻类生长问题。

134. 放苗后池水变清或转混以后怎么处理？

有些池塘在放苗后，池水会由原来有一定的水色变为混浊或清澈，一般原因如下：

（1）池塘里的浮游微藻有一定生长期，高峰期和衰败时用肉眼观看水色有一个变化过程，俗称转水、倒水，这种情况比较容易处理。

处理方法为：第一次施肥后，水色一般会在3天内出现，这时就应该通过补肥来及时补充浮游微藻的养分，如此定期补肥，水色自然会稳定。

（2）有时水色很快就变清或转混，原因除上面所说之外，主要是由于池水中浮游动物繁殖过度，把浮游微藻吃完。遇到这种情况，则首先要多开增氧机，避免因浮游动物繁殖耗氧过度，而造成对虾缺氧或氨氮升高。同时，停止投喂饲料，让对虾摄食部分的浮游动物，然后引进5％～10％的新水以补充藻种，再施放浮游微藻营养素和芽孢杆菌制剂重新肥水。

135. 养殖水体pH偏高怎么处理？

养殖水体pH过高，有以下几种情况：

（1）浮游微藻繁殖过旺，pH变化较大，水色偏浓。处理方法为：有地下水源的更换部分水体，同时，施放有益微生物制剂，来抑制浮游微藻的过度繁殖。

（2）水色正常但pH偏高，这种情况多数发生在养殖前期，主要原因为池塘老化、塘底含氮有机质偏多以及水体缓冲力低。处理方法为：先泼洒乳酸菌制剂和葡萄糖中和碱性物质，同时，使用腐殖酸钠，提高水体缓冲力。

（3）有害藻类（蓝藻或甲藻）过度繁殖，水色呈蓝色或酱油色，pH变化较大。

处理方法为：水源条件好的可以换水，避免蓝藻或甲藻分解的毒素影响对虾的生长，换水后使用光合细菌制剂和腐殖酸钠抑制蓝藻的繁殖；如有蓝藻集中到下风处塘边的情况，可用杀藻剂局部泼洒处理，泼洒之后需先使用底质改良剂，然后，用有益微生物制剂调节水质。

136. 养殖水体pH偏低怎么处理？

养殖前期，一般是由于土质引起的。可用生石灰或熟石灰37.5～

75千克/公顷泼塘。亦可用碳酸钠或腐殖酸钠全池泼洒，经多次操作可逐步提高pH。

养殖后期，有机物分解产酸，底部被酸化，如果浮游微藻无法正常生长则会导致水体pH偏低。处理时，可先使用含过氧化钙的底质改良剂氧化池塘底泥，再使用有益菌和藻类营养素调控浮游微藻的生长。

137. 养殖过程中为什么氨氮会突然升高？

养殖过程中的氨氮，是残饵、对虾排泄物等含氮物经微生物降解转化形成的。氨氮可为藻类直接吸收，也可经微生物进一步转化成其他物质。

有以下几种情况，会引起氨氮突然上升：

(1) 浮游动物过多或者大量藻类死亡 浮游动物大量摄食微藻，导致氨氮无法被吸收，或者藻类大量死亡，也会消耗氧气，使水体溶氧不足，促进氨氮的累积。

(2) 残饵过多 在水质或天气变化时，对虾摄食量降低而未及时减少投饵量，造成大量饲料残留。

(3) 过量施肥 过量施加含氨氮（尤其是碳酸氢铵）的肥料，又未培养出藻类。

(4) 池塘底质差 池底沉积大量有机质，天气突变（尤其是连续阴雨天后气温连续升高）时引起泛底。

(5) 对虾吸收消化差 由于水质、水温、饲料质量等因素，引起对虾肠胃消化吸收率低，排泄物中含氮物质较多。

138. 拉网捕虾后导致氨氮升高该如何处理？

拉网捕虾，往往使池塘底部的有机物泛起，引起氨氮升高。处理方法为：首先，用沸石粉加增氧剂，或增氧型环境调节剂改良底质；其次，施放光合菌制剂直接吸收氨氮，再使用芽孢杆菌制剂调节水质。

139. 如何处理养殖前期水体中亚硝酸盐过高的问题？

养殖前期的亚硝酸盐过高，一般是由于水体原来氨氮过高，经转化形成的。如亚硝酸盐浓度在对虾可承受的范围内，则对对虾的生长威胁不大，只需培养好浮游微藻即可。如对虾蜕壳时有软壳症状出现，则需使用具硝化—反硝化作用的有益菌进行降解。

140. 如何处理养殖中、后期水体中亚硝酸盐过高的问题？

养殖中、后期水体亚硝酸盐过高，是由于池底有机物较多，在氧气不足的情况下产生的。要预防亚硝酸盐过高必须从做水开始，定期施用芽孢杆菌制剂，水质偏浓或阴雨天气施用光合细菌或乳酸菌制剂，维持良好的生态环境；多施具有硝化—反硝化功能的有益菌，促进含氮有机物进行硝化—反硝化反应。如果发现亚硝酸盐过高，应该从处理塘底开始，施用底质改良剂改良底质，然后，再大量施用具硝化—反硝化功能的有益菌和芽孢杆菌制剂，同时加强增氧。

141. 为何要在养殖过程中添加有机碳源？

水体中的碳（C）、氮（N）含量对池塘中的微生物，尤其是异养微生物的生长与繁殖具有重要的影响。在对虾集约化养殖过程中，池塘水体的C/N比值会随着养殖进程不断降低，养殖中、后期甚至可降低至2以下；而低C/N比值不利于水环境中异养细菌的生长。通过人为添加有机碳物质，调节水体C/N比值，提高水环境中异养细菌的数量，不仅可利用微生物同化无机氮，将水体中的氨氮等转化成微生物蛋白；还可通过微生物所产生的糖蛋白、多糖、蛋白质、纤维素等具有絮凝活性的高分子代谢产物，将水体中的有机碎屑、浮游微生物、微藻等絮凝成为活性生物颗粒并被养殖对虾摄食，从而达到优化水质、促进营养物质循环、增加对虾对蛋白的利用效率、降低饲料系数、提高养殖对虾成活率和生长性能的作用。

142. 可在养殖过程中添加的有机碳源有哪些？

可在养殖过程中添加的有机碳源基本可分为两类：一是简单碳水化合物，如红糖、糖蜜和淀粉等，其优点是反应速度快，不足之处是需持续添加；二是复合碳水化合物，如木薯粉、纤维素和细米糠等，此类碳源需经过微生物分解为小分子后才能被高效利用，优点是稳定、持久，不足之处是起效时间慢，使用不当容易沉积在池底造成底质环境污染。目前，常用的有机碳源主要是以红糖、糖蜜等易水解、易获得的简单碳源物质为主。

143. 如何在养殖过程中添加有机碳源？

养殖过程中添加有机碳源的时间、数量、频率等，与所添加碳源种类、养殖方式、池塘硬件设施、不同养殖阶段等因素密切相关。以 $100\sim300$ 米^3 的集约化高密度南美白对虾养殖方式为例。在养殖前 20 天，水体营养水平相对不高，应该重点关注生物絮团系统的快速构建，故此时应使用葡萄糖、蔗糖、红糖等简单型有机碳源，促进水体中的微生物快速生长增殖。同时，可配合施用适量的芽孢杆菌、乳酸杆菌等有益菌制剂，使生物絮团在短时间内形成并发挥其生态功能。在此阶段需根据饲料投喂量情况持续加大有机碳源的投入，一般以蛋白含量为 $30\%\sim38\%$ 的 1 千克饲料计算，每千克饲料需相应添加的碳源质量为 $0.5\sim1.0$ 千克，使养殖水体中的碳氮比（C/N）数值稳定维持在较高水平，促进异养微生物的生长繁殖，利用菌群的同化效应控制水体的氨氮和有机物浓度，优化水质状况。在养殖 $20\sim50$ 天期间，当水体中的硝化功能菌群稳定达到一定数量水平时，水体菌群生态系统会逐步转变为以自养硝化细菌为主导的氨氮转化过程，水体中的氨氮、亚硝酸盐也会相应地控制在较低水平，此时可逐渐暂停有机碳源的大量添加。养殖到 50 天以后，为维持水体中菌群的稳定增殖，调节水环境中的碳氮营养平衡，还需不定期适量添加有机碳源，具体的添加量应根据水体水质及氮素营养水平等具体情况而定。

在南美白对虾高位池养殖方式中添加有机碳源，其添加时间、数量和频率等也需根据水体营养的具体状况合理添加，一般最好将池塘水体的C/N值调节到8～12为宜。由于在高位池养殖放苗前，都会将芽孢杆菌、乳酸杆菌等有益菌制剂与红糖、糖蜜或麸皮等有机碳源进行发酵活化后再全池泼洒，用于培育池塘中的有益菌群。因此，在养殖30～50天时，水体的C/N值在4～5波动，之后随着饲料投喂量的增加，氮素营养的不断积累，养殖水体的C/N值会急剧下降。为有效平衡水体的碳氮营养平衡，维持微生物的稳定生长，在养殖30～35天时，应持续间隔施用糖蜜或红糖的有机碳源。一般间隔2～4天施用1次糖蜜，添加量为当天饲料投喂量的25%～30%，同时并配合使用芽孢杆菌、光合细菌、乳酸杆菌等有益菌制剂和理化型水质改良剂，强化水体增氧措施，稳定池塘水质状况。实践证明，在南美白对虾高位池养殖过程中，科学使用有机碳源可有效提高养殖对虾的生长性能，降低饲料系数，促进养殖对虾对营养物质的吸收利用，有助于全面提升养殖综合效益。

144. 为何要将有机碳源与有益菌联合使用？

联合使用有机碳源与有益菌，一方面有利于加速养殖水体中生物絮团的有效形成；另一方面还可起到定向调控絮团中微生物群落结构与功能的功效。主要效果有以下几个方面：

（1）养殖初期水体中的营养物质较少，水中的微生物数量也相对不足，此时适量添加经发酵活化的芽孢杆菌、乳酸杆菌等有益菌制剂，可有效增加水体中的有益细菌种类和数量。

（2）与此同时，配合施加充足的有机碳源，有利于水体微生物的快速生长繁殖，促进水体形成以芽孢杆菌等有益菌为优势的菌群结构，及时吸收转化水体中的氨氮等无机氮类物质和可溶性有机物，使养殖水体保持良好的水质状况。当水体中的有益菌在初始阶段占据优势生态位，即可有效压制弧菌等潜在致病菌的生长，从而达到从源头防控病害的目的。

（3）到养殖中、后期，随着水中异养菌的数量不断升高，系统中生物絮团的营养类型也趋向于异养型为主导，此阶段水体容易产生和积累大量的氨氮、亚硝酸盐等有毒有害物质，严重影响南美白对虾的健康生长。此时，应定期添加硝化菌制剂，同时适量添加部分简单型有机碳源，诱导水体形成一定量的以硝化菌为主导的自养型生物絮团。这样既可以防止异养生物絮团的过量增殖而加大水体负荷和溶解氧需求，还可利用自养型生物絮团实现对水体氨氮、亚硝酸盐的高效稳定转化，保持良好的养殖水质状况。

（4）在养殖过程中应根据不同的养殖阶段、水质调控目标，将有机碳源与有益菌进行科学配合使用，从而达到定向调控生物絮团菌群结构与生态功能的效果，强化水体微生物生态环境的高效调控，保持良好的水质，促进养殖对虾的健康生长。

145. 水体中形成何种生物絮团更有利于南美白对虾的健康生长？

水体中形成的生物絮团，可以增强养殖南美白对虾的健康生长。主要有以下三个方面：

（1）培育生物絮团，发挥其微生物生态功能，对维持对虾养殖水环境的稳定性具有重要作用。生物絮团主要通过异养细菌的同化作用、自养细菌的硝化作用以及微藻的吸收作用，来控制水体中氨氮、亚硝酸盐浓度，保证对虾健康生长所需的良好水质。在水质调控方面，养殖前期以异养型生物絮团对养殖水体氨氮的快速同化更有利；而在养殖中、后期，自养型生物絮团对养殖水体氨氮、亚硝酸盐的硝化作用则更有利。

（2）南美白对虾可以摄食利用生物絮团，生物絮团的营养成分和胞外酶可以增强养殖对虾的营养吸收。研究表明，不同生物群落（如绿藻、硅藻、细菌）主导的生物絮团，其营养成分如粗蛋白、粗脂肪以及灰分等含量均有显著差异，从而会对养殖对虾产生不同的营养价值。实践经验表明，以菌为主、微藻为辅的菌藻共存型生物絮团，对南美白对虾的营养价值会更好。

（3）生物絮团含有的丰富微生物和活性物质，可增强养殖对虾的健康水平。如其中的胡萝卜素、叶绿素、植物甾醇、溴苯酚和氨基糖等，能对对虾的健康产生积极的作用。有研究表明，类胡萝卜素能够刺激动物免疫系统，增强抗逆性以及具备抗氧化作用。养殖过程中应根据不同的养殖阶段、水质状况以及水体中微小生物群落结构组成等具体状况，进行科学的生物絮团定向培育。根据具体需求来构建不同种类的生物絮团，方能取得最优的养殖效果。

146. 添加有机碳源后养殖水体可能出现的问题及应对方法有哪些？

添加有机碳源后养殖水体可能会出现一些问题，可采用以下措施进行处理：

（1）添加有机碳源后，由于异养菌的快速增殖会消耗水体中大量氧气，使得溶解氧浓度大幅下降，造成养殖对虾产生胁迫应激。因此，每次添加有机碳源之后都要及时开启增氧机或加大增氧功率，强化水体溶解氧的供给。一般还可选择增加使用高效气水混合装置强化水体增氧效率，必要时可合理使用缓释型的化学增氧剂，防止出现养殖水体严重缺氧的状况。同时，应根据养殖生产实际需要，添加有机碳源时宜以少量多次的原则进行，避免短时间内大量使用有机碳源，导致水体溶解氧急剧下降，影响对虾健康生长。

（2）添加有机碳源后，异养菌的大量增殖容易使得水体 pH 和总碱度持续降低，这不但会影响对虾的生长存活，也会抑制菌群生态活性功能。对此，应定期监测水体 pH 和总碱度状况，根据实际需要适量添加碳酸氢钠、碳酸钠或生石灰水等碱性物质，维持合适的 pH 和总碱度范围。

（3）随着有机碳源的添加，养殖中、后期水体的生物絮团持续增多，容易造成养殖系统负荷不断增大，此时应适当移除部分生物絮团，以防絮团的老化沉降而导致水质恶化。对此，一方面可利用中央排放、水面收集等方式排出小部分养殖水体，利用沉淀装置或蛋白分离器去除过多的生物絮团，处理以后的水体可回用至养殖系统；另一方面应利用高效气水混合装置，保证水体处于良好的运动状态，使絮团始终保持悬浮防止其沉积池底。此外，还可科学利用微生物附着基技术，既可使水体生物絮团得以固定化生长，实现良好的生态活性功能，还可通过更换附着基的方式便捷去除水体中过量的生物絮团，使养殖系统维持合理的生物载荷。

147. 养殖中、后期为什么会发生"倒藻"？

由于天气的异常（降温、长时间降雨、风向转变）或营养的缺乏，会出现浮游微藻大规模死亡的现象，俗称"倒藻"（即浮游微藻突然死亡）。从水色可看到，池水突然变清或转色，如不及时处理，虾会停止摄食、狂游，严重时会导致疾病的暴发。

防止措施为：

（1）注意提前预防 天气转变之前，施用加肥水型光合菌或加肥水型乳酸菌，维持浮游微藻的正常生长。

（2）倒藻后及时处理 首先，要停止投喂饲料或控制投料量，避免未吃完的饲料污染水质；其次，施放沸石粉和增氧剂，或增氧型环境调节剂改良底质；隔天进部分新水后，再施放芽孢杆菌制剂和微藻营养素。与此同时，还可以施用缓解对虾应激的产品，防止对虾产生应激，并加强增氧。

148. 养殖过程中为什么要施放补充矿物质的产品？

对虾属甲壳类，需正常蜕壳才能生长。在蜕壳后重新形成新壳，会消耗矿物质，而浮游微藻在生长过程中也需要一部分的矿物质。因此，在对虾放养密度大而且换水量少的水体，养殖过程需要施放补充矿物质的产品。

在养殖前期，由于对虾个体较小，正常的水体中本身含有一定量的矿物元素，所以一般无须施用矿物质。到了养殖中、后期，在以下时间段或情况下，需要施放补充矿物质：①农历每个月的初一和十五前后，由于潮汐作用的对虾正常蜕壳期间；②由于受降雨、换水、投放药物等因素的刺激，导致对虾异常蜕壳时；③水质恶化、浮游微藻生长不正常时。

149. 如何处理池塘丝藻（如青苔）过多的情况？

如果尚未放苗，应先把塘里的丝藻捞走，并排干水，重新清塘。忌用药物将丝藻杀死并留在塘底，因为丝状藻类在塘底发酵腐烂可产生有害物质，影响放苗后虾苗的生长。

如果已经放苗，可一次性加入大量含浮游微藻的塘水（熟称"较肥"的水），并追加芽孢杆菌制剂和浮游微藻营养素培养水色。

如果丝藻不多，可以不必加水，只需多开增氧机，加芽孢杆菌制剂稳定水质即可，因为少量丝状藻类对对虾生长并无大碍。忌用药杀死丝状藻类。

150. 养殖过程中水色过浓怎么调节？

妥善施肥和使用有益活菌，适当控制饲料投喂，可以防止水色过浓的情况出现。放苗前或养殖前期，应根据池塘底质和水源水的肥瘦情况，使用养殖专用肥和有益微生物培水。切记磷肥不能多加，一次就足够。放苗以后，应定期添加芽孢杆菌类微生物制剂，还应控制适当的饲料投喂量，以对虾摄食到八分饱就足够。

如果出现浮游微藻繁殖过度的情况，可以加倍使用有益微生物制剂，且连泼 2～3 次。

151. 养殖过程为什么水面会出现油膜？该如何处理？

养殖水体中有益菌群失调，无法及时分解过剩的有机质，若此时水体长时间溶氧不足，有机质就会慢慢降解出大量油脂；此外，浮游微藻生长不好时，也容易出现水面浮油脂的情况。

处理时，应首先对水体进行解毒，再使用芽孢杆菌和乳酸菌制剂，如果浮游微藻繁殖不好，还应配合使用藻类营养素。

152. 养殖水体均匀分层，上下层交流不畅怎么办？

引起养殖水体分层的原因有：①用药不当，如某些消毒药可杀死藻类；②水质老化，泛底；③过量用肥，发酵泛底；④饲料不足。

处理方法为：

（1）先用沸石粉、石灰、底质改良剂等泼撒养殖水体。

（2）施放水体解毒剂，防止混浊水体使对虾产生应激。

（3）如属①、②的原因，可在泼撒沸石粉、石灰、底质改良剂和水体解毒剂以后，再加入一定含有浮游微藻的新鲜水体，然后，追加一定数量的芽孢杆菌和藻类营养素。

（4）如属③的原因，可在泼撒沸石粉、石灰、底质改良剂以后，加入一定数量的含有浮游微藻的新鲜水体，再追加一定数量芽孢杆菌或光合细菌或乳酸菌。

（5）如属④的原因，应先加大饲料的投喂量，然后泼撒沸石粉或底质改良剂等，再添加一定数量含有浮游微藻的新鲜水体，并追加一定数量的芽孢杆菌和藻类营养素。

153. 养殖期间突然降暴雨应采取什么措施？

养殖期间遇到突然降大暴雨，会使虾池中的水质因子如盐度、pH、水温等发生突变，此时，对虾必须迅速改变机能和调节代谢功能，来适应外界环境的突变。这就要付出较多的能量，显然就会影响对虾自身抵抗病害的能力，给病原体提供入侵的机会。在这种紧急情况下，应采取防病的措施：

（1）雨后尽快测定池水的 pH，如降到 8 以下，使用石灰调节，但要注意用量。水体要提高 pH0.1 的用量为 10 毫克/升，要根据虾塘的实际情况算好用量。

（2）泼撒沸石粉或光合细菌。

（3）尽量投喂高效优质的蛋白饲料，可在饲料中添加 0.5% 维生素 C 或 0.5% 多维饲喂。

（4）由于雨水进入虾塘，为避免陆地上有机物把池水搅得混浊不堪，造成悬浮物增多、浮游微藻死亡、池底溶解氧含量降低、理化因子急剧变化，应开动增氧机。

（5）大范围降雨时，要防止池水分层。如发现对虾浮头，有条件的应马上启动增氧机加强增氧，同时，可投放光合细菌2～3千克/亩。

（6）对虾养殖在不同的自然环境下情况各异，即使在同一个养虾场内，不同虾池状况也不同。因此，防病不可盲目，要根据各虾池的具体情况，具体处理。

154. 降雨后养殖水体呈土黄色怎么办？

土塘在大量降雨后，雨水将堤岸的泥土冲入池中，导致水体呈土黄色，即所谓的"泥浆水"。"泥浆水"会使水体溶解氧的含量降低，悬浮的颗粒物易堵塞对虾鳃部。

处理方法为：在大量降雨后，先使用具有络合、絮凝作用的养殖投入品（如腐殖酸钠）将水澄清，然后使用颗粒状增氧剂增加底部溶解氧，再使用芽孢杆菌调节浮游微藻生长。

155. 为什么某些池塘的水色上午是绿的，中午是黑的？该怎样调节？

这是典型的鞭毛藻类占优势的水体，绿的水色中微藻主要是裸藻，黑的水色中微藻主要是隐藻，均为鞭毛藻类。因鞭毛藻类趋光性强，该池塘中的这种裸藻喜光性不如隐藻强，所以就出现这种"早绿午黑"的现象。又如，其他一天出现"早红夕绿""早黑午绿"等，也是不同鞭毛藻占优势的结果。

这种水质通常出现在养殖中、后期的老化池塘中，因为有机质含量较高，水位较深，静水的微藻种类难以存活，而鞭毛藻类能运动，可以适应这种水体。该水体的特点是相对比较稳定，但耗氧量大，底质差。

建议改良措施为：先使用增氧型环境调节剂改良底质，隔天再投放光合细菌和芽孢杆菌制剂改良水质；多次重复此措施，让水色恢复正常。

156. 如何看待池塘底质的重要性？

对虾具有底栖的习性，塘底环境的好坏，直接决定着对虾健康与否。底质的好坏也直接影响水质，水质是底质的外在表现形式。

池塘底质是部分细菌、真菌、底栖微藻、小型动物和对虾的生活场所，同时，作为化学物质的储存库和营养素再循环中心，物质不断地从池塘水中沉淀到池塘的底部，物质也可通过离子交换、吸附和沉淀作用而进入池塘底质的土壤。同时通过微生物的分解作用，将池塘底质中有机物质氧化成二氧化碳和氨，并释放出其他矿物营养素。

157. 养殖过程中的底质环境是如何变化的？

随着养殖时间的增加，不断投喂饲料，池塘底部的土壤也在发生变化，大量的有机物在池塘底部分解，消耗大量氧气，使池底土壤形成缺氧层，发黑产毒。如果得不到及时改善，一旦外部环境发生较大变化，极易引起水质恶化，进而引起对虾发病、死亡。

例如，养殖后期碰到低压天气时，底部积聚的有毒物质即会泛起，造成对虾大量死亡。

158. 虾池底质不好从哪些现象可看出来？

虾池底质不好从以下现象可看出：
(1) 池底有气泡或气雾上升，特别是在阳光照射下。
(2) 养殖水体分层。
(3) 饲料台突然变脏，饲料台底部变黑或有胶状物。
(4) 增氧机开动时，在下风处可闻到异味。
(5) 向上觅食的对虾，突然增加几倍甚至十几倍。

（6）对虾不伏底，夜间巡塘对虾极易受到惊吓。

159. 如何简单判断池塘底泥是否恶化？

恶化的底泥含有有毒物质。简单的判断方法是，挖取少量底泥与少量对虾饲料混合后，放入饵料台，如果对虾不正常摄食，说明底泥已经恶化。

160. 养殖过程中如何改良底质？具体有何措施？

养殖过程中改良底质的目的是，增加底层溶氧，减少耗氧，促进底部有机物分解，防止底部酸化，防止有害细菌大量繁殖。

具体措施为：

（1）定期投放芽孢杆菌制剂，有效分解池底有机物。

（2）注意饲料的合理投喂，避免出现饲料投喂不当而导致底质恶化情况的发生。

（3）使用增氧型的底质改良剂，增加底部溶氧。

（4）使用颗粒状的氧化剂，提高底部氧化还原电位。

（5）适量使用碱性物质（如生石灰），促进有机物的顺利分解。

161. 如何处理养殖水体含有硫化氢的问题？

硫化氢主要由养殖池塘局部环境严重缺氧，氧化还原电位降低所导致。水体硫化氢含量偏高时，会造成对虾组织缺氧，引起麻痹和窒息死亡。池底硫化氢含量偏高而导致对虾死亡的情况，在对虾高密度养殖的后期时常有发现，即引起所谓的"偷死"。

解决硫化氢的措施是：①使用增氧或吸附型的底质改良剂，改善池塘底部的环境；②向水体泼洒光合细菌制剂，降低或消除水体的硫化氢。

四、病害防治及应激处理

162. 引起对虾发病的原因有哪些?

　　引起对虾发病的原因,可分为内因和外因两个方面。内因与对虾品种有关,不同的对虾品种或同一种对虾品种在不同的生长期,对病害的抵抗能力不一样,如南美白对虾抵抗白斑病的能力比斑节对虾稍强;外因与对虾生长的环境有关,其中,包括致病生物、水体环境、气候环境和营养水平等。

163. 引起对虾发病的致病生物有哪些?

　　能引起对虾发病的生物有细菌、病毒、真菌和寄生虫等。细菌可以在水中生长,也可以在对虾体内(如消化道和血淋巴)生长,致病细菌一方面可以吸收对虾的营养成分,一方面可放出毒素危害对虾的生长;病毒只能在对虾细胞内增殖,它利用细胞内的营养成分制造自身的物质并形成大量的新病毒,病毒的数量增加到一定程度后细胞破裂,最终导致对虾死亡;真菌的菌丝可以从对虾的体表伸入对虾体内,一方面吸收对虾的营养物质,另一方面破坏对虾的组织结构;寄生虫多数寄生在对虾的体表,主要影响对虾的呼吸等生理功能。

164. 常见病毒的形态结构怎样?

　　病毒粒子的个体很小,一般在10～300纳米,大多数比细菌小得多,能通过细菌滤器,须用电子显微镜才能看到,无细胞结构,大多数仅由核酸和蛋白质构成,而且一种病毒只有一种核酸(RNA或

DNA)。病毒是严格的活细胞内寄生物，不能用人工培养基进行培养，一般具有较严格的宿主选择性，在受病毒感染的宿主细胞中往往形成包涵体。包涵体在光学显微镜下能看到，这是简单诊断病毒的一种依据。

165. 常见病毒病的种类有哪些？

南美白对虾常见病毒病有白斑综合征、桃拉病毒病、传染性皮下组织和造血组织坏死病毒病、对虾肝胰腺细小样病毒病。

166. 南美白对虾机体如何对病原进行防御？

对虾在防御病原体入侵时，体表外层的甲壳是第一层的屏障防护。病原侵入体内后，对虾主要依靠机体内部由血细胞防御和体液防御组成的防御系统消除病原。其中，血淋巴细胞是对虾免疫系统中最为重要的组分，对虾免疫功能（包括识别、吞噬、黑化、细胞毒和细胞间信息传递）主要通过血淋巴细胞完成，因此，血淋巴细胞的数量和组成可反映对虾免疫抗病机能的状况。吞噬作用是对虾血细胞免疫中重要的细胞防御反应，它包括异物的识别和清除等。对虾的体液防御系统，主要包括酚氧化酶原激活系统、凝集素、溶菌酶、酸性磷酸酶、碱性磷酸酶、过氧化物酶、超氧化物歧化酶、细胞毒性活性氧、抗菌肽、溶血素和血清蛋白等，其中，以溶菌酶、酸性磷酸酶、碱性磷酸酶、过氧化物酶、超氧化物歧化酶和消化酶等构成的多酶系统，是用来衡量对虾免疫抗病状况的重要指标。

167. 什么是对虾病毒病的水平传播？

水平传播，指养殖过程水环境中的病毒经摄食（经口）感染、侵入感染（经鳃或虾体创伤部位侵入）等途径入侵对虾机体，使健康对虾进入潜伏感染或急性感染状态。一般经由水平传播途径的感染，有以下几种常见的情况：①健康对虾摄食携带病毒的甲壳类水生动物，如杂虾、蟹类等被感染；②健康对虾摄食携带病毒的浮游生物，如卤虫（丰年虫）、桡足类、水生昆虫等被感染；③健康对虾摄食感染了病毒的病虾、死虾而被感染；④水体中的浮游病毒经对虾呼吸侵入鳃部或经虾体创伤部分侵入机体而感染对虾；⑤某个池塘的患病对虾被养殖场周边的飞禽、鼠类、蟹类摄食，病毒经由它们再传播到其他未患病的池塘，或因养殖者管理不善将患病池塘的病原带入其他池塘，导致病原由点到面全面感染各养殖池塘对虾。

168. 什么是对虾病毒病的垂直传播？

垂直传播，指对虾亲本通过繁殖将病毒传播给子代（虾苗）。如果使用携带某种病毒的对虾作为亲本进行虾苗的繁育生产，则生产的子代虾苗就有可能成为病毒携带者。

169. 对虾病毒性疾病的诊断方法有哪些？

可依据病症和病理变化初步诊断，结合使用分子生物学技术进行确诊。目前，可用于检测对虾病毒的方法有 PCR 技术、LAMP 技术、TE 染色技术、原位杂交技术、点杂交技术和电子显微镜监测技术等。当前，市面上已有用于检测多种对虾常见病毒的简易型病毒检测试剂盒。在国家或行业标准中主要使用 PCR 和 RT-PCR 技术，对对虾病毒病进行确诊。

170. 如何进行对虾病毒的定性检测？

可利用巢式 PCR 检测方法，进行对虾病毒的定性检测。首先，选择 WSSV 的基因保守序列设计获得 2 对引物，对待检对虾取样（鳃、肝胰腺、血液、附肢），提取核酸，利用 2 对引物分步进行聚合酶链式反应（PCR）扩增，通过凝胶电泳与阳性对照（确认携带目标病毒的样品）比对。当待测虾样出现与阳性对照相同的条带，说明待检虾体携带了目标病毒。该方法主要用于定性检测，具有特异性好、灵敏度高的特点。

171. 如何进行对虾病毒的定量检测？

可利用实时荧光定量 PCR 检测方法，进行对虾病毒的定量检测。主要包括 SYBR Green Ⅰ、杂交探针和 Taqman（水解探针）三种方式。提取待检对虾样品核酸的方法与巢式 PCR 检测相同，但在进行聚合酶链式反应（PCR）扩增时，需要额外添加具有报告荧光基团和淬灭荧光基团的探针，利用荧光实时监测系统接收到荧光信号，每扩增 1 条核酸链就有 1 个荧光分子形成，使得荧光信号累积与核酸链增加形成正比关系，最后通过与标准曲线比对，获得病毒的定量数值。

172. 什么是对虾病毒的 LAMP 检测？

LAMP 是环介导等温扩增的简称，它主要是针对病毒的特定区段设计多个不同的特定引物，利用链置换反应在一定的温度（63～65℃）条件下，进行病毒特定核酸序列扩增，具有扩增效率高、反应快、特异性强的特点，可在 15 分钟到 1 个小时内完成整个扩增过程，再通过与标准样品进行比对，即可获得待检虾样携带病毒量的结果。一般多为相对定量。目前，市场上利用该种技术已研制出的简易型病毒检测试剂盒，包括对虾白斑综合征病毒（WSSV）、对虾桃拉综合征病毒（TSV）、对虾传染性皮下及造血组织坏死病病毒（IHHNV）、对虾黄头病毒（YHV）和对虾肝胰腺细小病毒（HPV）等。

173. 白斑综合征的病原、症状和发病规律怎样？

白斑综合征，又称为 WSSV。一般认为，其病原是一种不形成包涵体、有囊膜的杆形病毒———白斑症病毒。在病虾表皮、胃和鳃等组织的超薄切片中，电镜下可发现一种在核内大量分布的病毒粒子，该病毒粒子外被双层囊膜，纵切面多呈椭圆形，横切面为圆形；

囊膜内，可见杆状的核衣壳及其内致密的髓心。

白斑综合征病毒主要对虾体的造血组织、结缔组织、前后肠的上皮、血细胞、鳃等系统进行感染破坏。急性感染，引起虾摄食量骤降。头胸甲与腹节甲壳易于被揭开而不黏着真皮（即所谓的壳易剥离），并在甲壳上可见到明显的白斑，有些感染白斑综合征病毒的病虾，也显示出通体淡红色或红棕色，这可能是由于表皮色素细胞扩散所致。此类病毒的毒力较强，从出现症状到死亡只有 3～5 天的时间，甚至更短。此病的感染率较高，7 天左右可使池中 70％以上的虾得病，甚至死亡。

白斑综合征病毒，既可通过组织学方法与电镜观察进行诊断，也可通过基因核酸探针进行诊断。基因核酸探针操作简便，特异性与敏感性高，并且运用于检测早期感染。这一方法所需要设备简单，对于一般养殖单位、病害防治单位或个人都可进行操作，既经济实用又准确无误，并能在发病前 20～40 天作出预报，指导生产者提前做到预防。

【病症及病理变化】病虾一般症状是停止摄食，行动迟钝，体弱，弹跳无力，漫游于水面或伏在池边、池底不动，很快死亡。病虾体色往往轻度变红或暗红，或红棕色，部分虾体的体色也不会改变。发病初期，可在头胸甲上见到针尖样大小白色斑点，数量不是很多，需注意观察才能见到。并且可见，对虾肠胃还充满食物，头胸甲不易剥离。病情严重的虾体较软，白色斑点扩大甚至连成片状。有严重者全身都有白斑，有部分虾伴有肌肉发白，肠胃没有食物，用手挤压甚至能挤出黄色液体，头胸甲很容易剥离。病虾的肝胰脏肿大，颜色变淡且有糜烂现象，血凝时间长，甚至不凝（图8）。

【发病规律及特点】白斑病病程急，一般虾池发病后 2～3 天，最多也不过 7 天可使全池虾死亡。病虾小者体长 4 厘米，大者 7～8 厘米以上。因此，对虾体早期白斑病的确切诊断至关重要。白斑病主要是水平传播，经口感染，即由于病虾把带毒的粪便排入水体中，污染了水体或饲料，健康的虾吞食饲料后感染，或健康的虾吞食病虾、死虾后感染，或使用发病池塘排出的污水而感染等。

白斑病也常继发弧菌病，使病虾死亡更加迅速，死亡率也更大。

图 8 白斑病综合征

发病前期水体理化因子变化较大，pH 在一天中的变化甚至超过 0.5，水体的透明度较小，有机物的耗氧量较大。

白斑病的诊断，从外观症状即可初步确诊，也可通过目前常用的基因核酸探针的方法进行诊断是否携带病毒。做到尽早预防，或采取正确的防治处理方法。

174. 桃拉病毒综合征的病原、症状和发病规律怎样？

桃拉病毒综合征是感染桃拉病毒（TSV）引起的红体病，是南美白对虾特有的病毒性疾病，其病原随着我国从国外引进南美白对虾亲虾，而传播到我国内地及台湾地区。该病始于 1999 年，在我国台湾大规模暴发，导致台湾地区南美白对虾的养殖刚刚起步就遭到严重的挫折，至今仍无法恢复。2000 年以来，我国大陆南方各省开始大规模养殖南美白对虾，此病在我国大部分南美白对虾养殖密集区均有发现。在水温升至 28℃ 以上易发此病，其主要是因为养殖水体环境变差或环境因子急骤出现变化引起的。

【症状及病理变化】绝大部分病虾表现为红须、红尾、体色变成茶红色，部分病虾的症状呈隐性，症状不明显，身体略显灰红色。病虾摄食量减少或不摄食，在水面缓慢游动，随着病情加重数量会渐渐增加，池塘边有少量病虾死亡，漫游病虾捞离水后不久便死亡。部分病虾甲壳与肌肉易分离，有病虾池耗氧量大，易出现缺氧症状。对虾发病后病程极短，从发现病虾到病虾拒食的时间仅仅 4～6 天，而后转入大量死亡，通常在 10 天左右症状有所减缓，转入慢性死亡阶段，时有死虾发现。一般幼虾易发生急性感染，死亡率高达60%；而成虾则易发生慢性感染，死亡率相对较低，在40%左右。

【发病规律及特点】发病白对虾一般体长在6～9厘米居多，发病时间在投苗放养后的30～60天，发病虾池底质老化，水体氨氮及亚硝酸氮浓度过高，池水透明度在30厘米以下。一般气温剧变后的1～2天内，尤其是水温升至28℃以上，易发此病。

175. 如何预防白斑综合征病毒的感染？

白斑综合征病毒传染的途径很多，因此，要预防此病毒的感染，必须采取以下几点措施：

（1）放养前的养虾池一定要彻底清塘，以杜绝病毒的存在。

（2）饲料必须无病毒，以避免病毒进入养殖系统。千万不要以生虾、蟹喂养亲虾，因虾、蟹等甲壳动物是白斑病毒的天然宿主，带病原率极高。种虾一旦摄食带病原虾、蟹，几天内即会因病毒在体内大量增殖而死亡。

（3）不论雌种虾或雄种虾，均需经过病毒筛检。

（4）一旦发现池中有死虾，若确定是白斑病毒感染，且个体达5克以上，应考虑收虾；若虾个体还小，则应考虑弃养，并将池子加以彻底消毒整理。

（5）在养殖过程，也必须定期对对虾进行白斑病毒的检测，早期发现有病毒感染，可采取预防步骤。如降低养殖密度，以减轻对环境因子所造成的紧迫行动，把白斑病毒症暴发几率减低；做好水质调控，控制环境因子在对虾生长最适范围；定期进行检测，可使损失减少到最低限度。

176. 传染性皮下组织和造血组织坏死病毒病的病原和症状怎样？

【病原】传染性皮下组织和造血组织坏死病毒（IHHNV）为细小病毒科，病毒感染外胚层组织，如鳃、表皮、前后肠上皮细胞、神经索和神经节，以及中胚层器官，如造血组织、触角腺、性腺、淋巴器官、结缔组织和横纹肌，在宿主细胞核内形成包涵体。

【症状】这是南美白对虾常见的一种慢性病，患此病的病虾身体变形，引起慢性感染为主。死亡率不高，但影响经济效益。养成池虾大小参差不齐，产生许多超小体型对虾。对虾体形变形明显，尤其多出现于额角弯向一侧，第六体节及尾扇变形变小，故又称为矮小变形症，死亡率虽不高，但养不大，损失比虾死亡还大。因为病虾一直要吃饲料，同时浪费水电及人工等。如果及早发现，应当机立断及早处理掉。养殖业者可依据外观症状和行为、流行情况等特征作初步诊断，或请专家加以鉴别。IHHNV 在美洲和亚洲大部分地区存在，该病对对虾养殖影响较大。

177. 对虾肝胰腺细小样病毒病的病原和症状怎样？

【病原】由一种直径只有 22～24 纳米的球状病毒引起的，主要侵犯肝胰腺及中肠。

【症状】早期发病的虾，可见肝胰腺及中肠变红，甚至变粗，以及肝胰腺肿大。后期在有细菌感染时，肝胰腺糜烂，无合并感染时，则萎缩硬化。患病虾摄食量减少，生长缓慢或停止生长，虾体消瘦，体软。

178. 怎样预防养殖对虾的病毒病？

就对虾目前的养殖情况来说，病毒病大规模暴发后，几乎无法有效治疗。因此，针对的措施只能在于预防。具体措施为：

（1）清淤消毒彻底，营造好的水环境。

（2）选购优质健壮的苗种。

（3）养殖时间的合理设置。避免在易发病阶段进行放苗，如在温差过大、雨水过多等不利于养殖的季节。

（4）保持水质稳定：

①避免水质突然持续变肥（水质偏瘦时不要一直施肥；发现水质

转肥时，施放有益微生物制剂及时控制）。

②避免发生倒藻（每天不同时段观察水色的变化，测量 pH 变化，适时补充有益微生物制剂、藻类营养素）。

③保持底质清洁（定期施用芽孢杆菌制剂，合理使用底质改良剂）。

（5）提高对虾抗病力和抗应激力

①内服中草药、免疫调节剂、营养素等。

②泼洒葡萄糖和泼洒型维生素 C。

179. 养殖对虾发生病毒病一般如何处理？

首先，对发病虾池的水体、工具进行隔离，同时，应用药物治疗。一般是用卤素类消毒剂对养殖水体进行消毒，改善底质，投放水体调节剂，拌料饲喂中草药及其他抗病毒类药物。对相邻未发病的水域，应积极采取预防措施。对已死亡的对虾要做无害化处理，如深埋等。

180. 细菌对对虾来说都是有害的吗？

有的细菌对对虾来说是有害的，有的细菌对对虾来说是有益的。如导致对虾红腿病、烂鳃、黄鳃及黑鳃等的细菌是一些条件致病菌，它们对对虾是有害的，在养殖过程中要想方设法控制它们。而有些细菌，如枯草芽孢杆菌、地衣芽孢杆菌、乳酸杆菌和光合细菌等，在对虾养殖过程中它们能够利用水体中的有害物质转变成为无害的或者是有益的物质，所以在对虾养殖过程中，要注意培养或者添加这些有益菌。

细菌性疾病在对虾养殖中最为常见，而且是危害较大的一类疾病。与病毒病不同，病原可以进行人工培养，在光学显微镜下一般都可以看见，用化学药物可以进行防治，细菌从形态可以分为球菌、杆菌和螺旋菌三大类。细菌属于原核生物，即细胞核没有核膜和核仁，没有固定的形态，仅是含有 DNA 的核物质。所有细菌可分为革兰氏染色阴性（红色）和为革兰氏染色阳性（紫色）两大类。大多数革兰氏染色阴性细菌为条件致病菌，平时生活在水体中、底泥中或健康的虾体上，在虾体受伤或环境条件恶化时，就可能大规模繁殖，进而侵入对虾体内并引发细菌性疾病。

181. 养殖对虾的常见细菌病有哪些？如何防治细菌病？

养殖对虾的常见细菌病有红腿病、鳃类疾病（烂鳃、黄鳃及黑鳃）、烂眼病、褐斑病（甲壳溃疡病）、肠炎病。

预防细菌病的方法如下：

（1）虾池在放养前彻底清塘，进水后使用二氧化氯消毒剂消毒虾池。

（2）养殖过程进入虾池的水源，必须通过蓄水消毒后才能进入虾池。

（3）养殖全过程定期使用芽孢杆菌制剂，降解养殖代谢产物和残饵，维持良好藻相和菌相，营造良好养殖环境；同时，使芽孢杆菌成为优势菌群，来抑制弧菌和单胞菌等条件致病菌的生长。

（4）养殖全过程尽量少换水，减少外源污染和病害交叉感染，减少养殖环境的波动对对虾造成应激反应；有淡水源的尽可能添加淡水，一方面减少对虾病害的感染，另一方面促进对虾蜕壳生长。

（5）在发病高危险季节，每隔15天泼洒二氧化氯消毒剂；并配合拌料饲喂大蒜及中草药制剂，每天2次，连用5天。

治疗细菌病的方法为：虾池发病时，泼洒二氧化氯消毒剂消毒塘水，并投喂大蒜及中草药制剂，连服5天。

182. 如何防治红腿病？

【病因】红腿病又称为细菌性红体病，是由副溶血弧菌、溶藻弧菌和鳗弧菌感染引起。

【症状】附肢变红色，特别是游泳足呈血红色，乃至全身变红，头胸甲的鳃区呈黄色，病虾在池边缓慢游动，厌食。

183. 如何防治鳃类细菌病?

【病因】鳃类细菌病,一般有烂鳃、黄鳃及黑鳃。通常是由弧菌或其他杆菌感染引起。

【症状】鳃丝呈灰色,肿胀,变脆,然后从尖端基部溃烂。溃烂坏死的部分发生皱缩或脱落,有的鳃丝在溃烂组织与未溃烂组织的交界处,形成一条黑褐色的分界线。病虾浮于水面,游动缓慢,反应迟钝,厌食,最后死亡,特别在池水中溶解氧不足时,病虾首先死亡。

184. 如何防治烂眼病?

【病因】由非 01 型霍乱弧菌感染引起。

【症状】病虾行动迟缓,常潜伏不动,眼球首先肿胀,由黑色变成褐色,进而溃烂脱落,有的只剩下眼柄,病虾漂浮于水面翻滚。

185. 如何防治烂尾病?

【病因】由几丁质分解细菌及其他细菌感染引起。

【症状】类似于褐斑病,起因于环境因素,如放养密度过高,水质不良,用药过量,底质老化等过度刺激,引起池虾碰撞受伤或在蜕壳时尾部受伤,遭受几丁质分解细菌及其他细菌的二次感染,使尾部呈现黑斑及红肿溃烂,尾扇破、断裂。

186. 如何防治褐斑病?

【病因】褐斑病又称为甲壳溃疡病,是由弧菌属、气单胞菌属、螺旋菌属和黄杆菌属的细菌寄生感染引起。

【症状】病虾体表甲壳和附肢上有黑褐色或黑色斑点状溃疡,斑点的边缘较浅,中间颜色深,溃疡边缘呈白色,溃疡的中央凹陷,严重时可侵蚀至甲壳下的组织;病情严重时迅速扩大成黑斑,然后陆续死亡。病虾体表甲壳和附肢上附有黑色溃疡斑。

187. 如何防治肠炎病?

【病因】肠炎病是由嗜水气单胞菌感染引起。

【症状】病虾游动缓慢,体质弱,消化道呈红色,有的胃部呈血红色,肠胃空,有液体或黄色脓状物,中肠变红且肿胀,直肠部分外观混浊,界限不清。

188. 对虾养殖过程中怎样控制有害的细菌?

控制有害细菌的有效措施是,先用消毒剂,将水体中的有害细菌消毒后再添加有益菌。如果消毒后不添加有益菌,有害菌会很快恢复到原来的水平,从而没有达到消毒的目的。如果没有消毒就添加有益菌,在有害菌比较多的情况下,不但有害菌没能被清除,有益菌也不能繁殖起来,同样达不到添加有益菌的目的。消毒后水体中的细菌数量将大大减少,在消毒剂失效后,有害菌没有大量繁殖之前添加有益菌,有益菌就能大量繁殖起来。有益菌数量大量增加后,一方面抑制了有害菌的生长,另一方面水体中的有害物质,将被转化成无害甚至是有益的物质。

189. 养殖生产过程中如何检测水体中的弧菌含量?

将采集的水样进行弧菌培养计数。采用平板计数,将水样加吐温80℃后摇床震荡30分钟,10倍系列稀释,涂布弧菌选择性TCBS培养基,在28℃恒温条件下,培养48小时后计数。

190. 当检测到水体弧菌比例有逐渐升高的趋势时,该采取什么措施?

采取的措施为:

（1）控制投饵量。

（2）如果水源条件好的，可加大换水量。

（3）尽可能排一些底层的水。

（4）使用沸石粉等环境调节剂。

（5）加大量使用芽孢杆菌和光合细菌制剂。

（6）如果确定弧菌繁殖成优势时，应该先使用消毒剂（如聚维酮碘）进行水体消毒，再尽量将底层水排出，然后，施加具有络合、吸附的环境调节剂，最后再投放有益微生物制剂。

191. 发生细菌病一般如何处理？

采取内服、外消，加有益菌的治疗方案。内服，即拌料投喂渔用抗生素及中草药，如大蒜素、黄连等，杀灭体内的病原菌；外消，即采用渔用消毒剂，清除水体中的病原菌；加有益菌，即在消毒剂药效消失后泼洒有益菌，形成有益菌优势。需要特别注意的是，不得使用禁用药，并要注意休药期问题。

192. 如何防治幼体真菌病？

【病原】幼体真菌病在对虾育苗过程中极其常见，主要有链壶菌和离壶菌两种。真菌病传染性极强，一旦幼体感染了病害，通常在48小时内造成90%以上幼体感染死亡。

【症状】受到感染时，真菌的游动孢子先在卵膜或在幼体表面附着形成孢囊，孢子长出菌丝并穿透囊壳，进入卵子或幼体。

真菌感染多在无节幼体和溞状幼体中发现，浸染部位为附肢和胸甲，糠虾、仔虾的样本很少查出。镜检中无节幼体发黑，附肢有不规则的膨出；溞状幼体附肢有挂脏现象，前附肢臂弯处有黄褐色斑块，头胸甲处可见不规则菌丝体，但不典型。濒死的溞状幼体，镜下可见体内有较典型的分支菌丝体。

【防治方法】

（1）雌虾产卵后，第二天早上尽早移走雌虾，在产卵池中加入氟苯尼考进行浸泡，并经常性搅动受精卵。

（2）受精卵完全孵化成无节幼体后，当天 17：00～18：00 把无节幼体移入育苗池进行培育，同时，在育苗池中加入氟苯尼考。

（3）如发现溞状幼体有真菌感染造成死亡现象，可采取以下措施治疗：每天向育苗池中加入 3 次氟苯尼考，8 小时 1 次，连续 3～5 天，直到该病痊愈为止。

193. 如何防治镰刀菌病？

【病原】为镰刀菌，其菌丝呈分支状，有分隔，生殖方法是形成大分子孢子、小分子孢子和厚膜孢子。大分子孢子呈镰刀形，故名为镰刀菌，有 1～7 个横隔。

【症状】镰刀菌寄生在鳃、头胸甲、附肢、体壁和眼球等处的组织内，其主要症状是被寄生处的组织有黑色素沉淀而呈黑色。镰刀菌寄生除了对组织造成严重破坏以外，还可产生真菌毒素，使宿主中毒。

【防治方法】

（1）**预防措施** 虾塘在放养前应彻底消毒；池水入池前尽可能经过砂滤。

（2）**治疗方法** 使用季铵盐络合碘进行水体消毒，以杀灭水体中的分生孢子和菌丝。但目前尚无有效办法处理对虾体内的镰刀菌及其分生孢子。

194. 如何防治固着类纤毛虫病？

【病原】由钟形虫、聚缩虫、单缩虫和累枝虫等寄生引起。

【症状】发病对虾的体表、附肢和鳃丝上形成一层灰黑色绒毛状物，或鳃部变黑，呼吸和蜕皮困难，病虾早晨浮于水面，反应迟钝，不摄食，不蜕壳，生长停滞。底部腐殖质多，且老化的虾池易发生此病。

【防治方法】

（1）养殖过程注意池塘底质和水质的改良，多使用芽孢杆菌制剂降解转化代谢产物，避免施肥过度，不使用未经发酵熟化的有机肥。发生藻类死亡，要及时使用有益菌降解转化，同时，尽快重新培养浮游微藻。

（2）在有良好水源的条件下，可用 10～15 毫克/升的茶麸全池泼洒，促进对虾蜕壳，同时更换部分新水。

（3）对虾发生固着类纤毛虫病时，可以全池均匀泼洒"纤虫净"，隔天全池泼洒二氧化氯制剂，2 天后泼洒有益菌制剂；间隔 10 天后，再重复上述措施 1 次。同时，在饲料中拌喂大蒜和中草药制剂，每天 2 餐，连用 3～5 天。

195. 如何防治微孢子虫病？

【病原】寄生在对虾上的孢子虫，在国外文献上报告的有 3 属 4 种。

【症状】主要是感染横、纵肌，使肌肉变白混浊，不透明，失去弹性，所以此病也称之为乳白病或棉花虾。

【防治方法】此病尚无有效的治疗方法，主要是加强预防。虾池在放养前，应彻底清淤和消毒。养殖过程发现受感染的病虾或已病死的虾时，立即捞出并销毁，防止被健康的虾吞食或腐败后微孢子虫的孢子散落在水中，扩大传播，进而感染健康的对虾。

196. 如何防控蓝藻中毒？

【症状】养殖池水体中微囊藻等蓝藻过量繁殖，常导致透明度降至 20 厘米以下。当藻体大量死亡时，经细菌分解产生氨氮、亚硝氮和硫化氢等有毒物质，引起对虾中毒死亡。

【危害】当池水表层出现大量蓝绿色或铜绿色浮游藻类，有风时在下风处水表层会积聚很多微囊藻，并伴有腥臭味，对虾就可能已经中毒（图 9）。

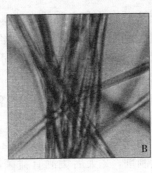

图 9　颤藻的代表种——红海束毛藻（*Trichodesmium erythraeum* Ehrenberg）

A. 片束群体（示意图）　B. 群体　C. 丝状体

【防控措施】

（1）养殖过程科学投喂饲料，控制投饲量，以免残饵积累太多。

（2）出现蓝藻繁殖过多时，使用光合细菌或乳酸杆菌与芽孢杆菌交替泼洒，反复3次，可有效抑制蓝藻繁殖和净化水质。

（3）蓝藻繁殖泛滥时，可先使用络合铜全池泼洒杀死部分蓝藻，再使用芽孢杆菌分解藻类尸体，3天后重复1次。注意使用络合铜杀藻时，容易造成缺氧，必须开启增氧机增氧，以防泛塘。

197. 如何防控夜光藻？

【症状】在对虾养殖后期，由于有机质丰富，利于夜光藻的生长。夜光藻虽然本身不含毒素，但是，如果它大量繁殖形成赤潮时，大量地黏附于对虾的鳃上，从而阻碍对虾呼吸，会导致对虾窒息死亡（图10）。而对虾死亡分解过程中所产生的尸碱和硫化氢，能渗透出高浓度的氨氮和磷，可诱发微型原甲藻的大量繁殖。

【危害】微型原甲藻是一种有毒的赤潮生物，一旦形成赤潮，其危害程度也就更大，使养殖水体变质，危害水体生态环境。

【防控措施】

（1）夜光藻数量不是很多的情况下，可以同时施用光合细菌和芽

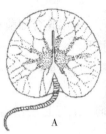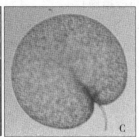

图 10 夜光藻（*Noctiluca scintillans*（Macartney）Kofoid &. Swezy，1921）

A. 腹面观（示意图） B、C. 细胞外形

孢杆菌，对夜光藻有一定抑制效果，同时可改善水质。

（2）出现夜光藻较多时，有条件的话要及时进行换水，同时增开增氧机，增加水体溶解氧。

（3）换水效果不明显时，使用含铜杀藻剂，最好是使用络合铜。同时注意增氧，并使用有益菌，以分解藻类的尸体。

198. 如何防控发生甲藻？

【**症状**】甲藻种类主要是裸甲藻、多甲藻和微型原甲藻。裸甲藻为蓝绿色，多甲藻为黄褐色，水色在阳光照射下呈红棕色，水"黏"而不爽，多泡沫（图 11）。

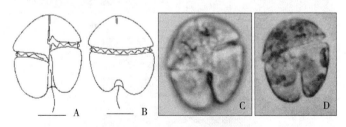

图 11 甲藻代表种——长崎裸甲藻（*Gymnodinium mikimotoi* Miyake
&. Kominami ex Oda，1935）

A、B. 腹面观及背面观（示意图） C、D. 腹面观及背面观

【**危害**】其危害是造成水体中溶解氧降低，进而引起甲藻死亡而产生甲藻素，导致水体缺氧，使对虾浮头。

【防控措施】

（1）甲藻数量不是很多的情况下，可以同时施用光合细菌和芽孢杆菌，对甲藻有一定抑制效果，同时可改善水质。

（2）出现甲藻较多时，有条件的话要及时进行换水，同时增开增氧机，增加水体溶解氧。

（3）换水效果不明显时，使用含铜杀藻剂，最好是使用络合铜，同时注意增氧，并使用有益菌，以分解藻类的尸体。

199. 如何防控浮游动物过多？

【症状】 养殖水体中浮游动物过多，如轮虫、枝角类等，大量吞食浮游微藻（图12）。当浮游微藻的繁殖速度，低于浮游动物对它的吞食速度时，养殖水体中浮游动物过量繁殖，造成浮游微藻急剧减少，随后浮游动物大量死亡。出现水体产氧能力极低，耗氧增大，氨氮、亚硝酸过高的状况。

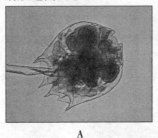
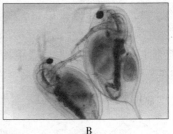

A   B

C

图 12　浮游动物

A. 壶状臂尾轮虫（*Brachionus urceus*）　B. 桡足类——中华哲水蚤
（*Calanus sinicus* Brodsky）　C. 枝角类——多刺裸腹蚤（*Moina macrocopa*）

【危害】"水色"显示先白浊后清澈，透明度增大，对虾的生长造成不良影响。

【防控措施】

（1）减少投喂饲料的次数和数量，尤其在幼虾阶段，适当断食，让虾只摄食浮游动物。

（2）在水源保证的前提下适当换水，最好是一边加注新水，一边排出底部水，降低有机碎屑的浓度。

（3）水源有限的情况下，可适当使用化学药物杀死部分浮游动物，再施用环境改良剂絮凝悬浮物，降低有害物质。之后加注一定量的新水，施用藻类生长素和芽孢杆菌，重新培养藻相和菌相。

200. 如何处理池水"发光"的情况？

【病因】

（1）**发光弧菌引起**　一般发生在虾类养殖的中后期。水体、虾体均发出荧光，发光虾摄食减少，触须断裂，反应迟钝，常缓游于池塘浅水处，陆续死亡。

（2）**夜光虫（藻）引起**　主要发生在高水温的夏季夜间水体有点荧光，夜光虫（藻）附着于虾的鳃丝上，会妨碍虾的呼吸，并消耗水中溶氧。

【处理方法】

如果是发光细菌引起的，采用以下处理方法：

（1）采用二氧化氯消毒剂，清除水体中的发光细菌。

（2）及时施用加有益菌，消毒剂药效消失后泼洒有益菌，形成有益菌优势。需要特别注意的是，不得使用禁用药，并要注意休药期问题。

如果是夜光藻引起的，采用以下处理方法：

（1）夜光藻数量不是很多的情况下，可以同时施用光合细菌和芽孢杆菌，对夜光藻有一定抑制效果，同时可改善水质。

（2）出现夜光藻较多时，有条件的话要及时进行换水，同时增开增氧机，增加水体溶解氧。

（3）换水效果不明显时，使用含铜杀藻剂，最好是使用络合铜，同时注意增氧，并使用有益菌以分解藻类的尸体。

201. 肝胰腺坏死综合征/早期死亡综合征的主要临床症状有哪些？

患病对虾临床症状主要表现为体弱，肝胰腺萎缩呈淡黄色、白色或肝胰腺肿胀、糜烂发红，摄食量大幅减少甚至停止摄食，部分患病对虾肠道呈现红肿状况，死亡率可达90%以上。病理表现为从基部到末梢的肝胰腺呈退化状态和功能障碍，部分细胞从坏死的组织上脱落后进入肝胰腺小管腔和肠道内；在感染的后期，肝胰腺内出现渗入的血细胞，伴随着继发性细菌定植其中，引起上皮细胞的大量坏死脱落。该病害一般发生在虾苗放养5～40天的时期内，虾苗或幼虾短时间内（2～5天）出现大量死亡；其后，在养殖中、后期（50天之后），对虾会不定期地出现持续性部分死亡。联合国粮农组织（Food and agriculture organization of the united nations，FAO）和亚太地区水产养殖中心（Network of aquaculture centres in asia and the pacific，NACA）将该病症命名为肝胰腺坏死综合征（hepatopancreas necrosis syndrome，HPNS）或急性肝胰腺坏死综合征（acute hepatopancreas necrosis syndrome，AHPNS）或早期死亡综合征（early mortality syndrome，EMS）

202. 肝胰腺坏死综合征/早期死亡综合征的主要病因是什么？

引发肝胰腺坏死综合征/早期死亡综合征的病因，主要有以下几个方面：弧菌感染、有害蓝藻影响、环境毒素引起的中毒、养殖对虾生物量超出池塘水环境的承载量、病毒和寄生虫感染、种苗质量退化等。①养殖环境或虾体中存在了强致病性的副溶血弧菌菌株，该菌株与以往的弧菌有所差别，对养殖对虾具有极强的致死性；②所放养虾苗携带的病原数量多，导致投放池塘的虾苗死亡；③养殖前期池塘发生有毒藻类或者水体微藻群落崩溃，直接导致对虾大量死亡；④水体中氨氮、亚硝酸盐等有毒有害理化因子含量超标，导致对虾中毒，随后继发病源性疾病；⑤池塘发生蓝藻、甲藻等有毒有害藻类水华或微藻短时间内大量死亡，随后继发病源性疾病。所以，总体而言，该病害主要因为养殖池塘生态系统环境胁迫（生物因子胁迫和非生物因子胁迫）和病原生物共同作用的结果。

203. 肝胰腺坏死综合征/早期死亡综合征的主要防控措施有哪些？

肝胰腺坏死综合征/早期死亡综合征的防控，应将生态防控作为关键切入点。①优化池塘水体环境，科学运用有益微生物干预技术和环境营养高效循环利用，养护形成稳定的优良菌相和微藻藻相，防控弧菌等有害菌及微囊藻、颤藻、甲藻等有害藻形成优势，及时消减水中氨氮、亚硝酸盐等有害物质，避免环境胁迫对养殖对虾产生不良影响。②根据池塘设施条件合理安排虾苗放养密度，避免养殖生物量超出池塘环境的养殖实际承载力；同时，实施科学的投喂策略，避免过量投喂导致水体环境过度富营养化；强化技术细节管理，根据气候、养殖设施配置、对虾日常活动和水质变化特征等实际情况，及时采取科学的措施进行处理，防止诱发一系列因环境和病原胁迫对养殖对虾的不良影响。③科学套养其他生物品种，根据各地水体盐度、水温及相关种苗供应等具体情况，在虾池中套养适量的鱼类，如草鱼、革胡子鲇、罗非鱼、篮子鱼等，切断病害的水平传播，实现病害的生物防控。④根据对虾不同阶段的摄食特点，科学饲喂维生素、益生菌、中草药、微量元素等营养免疫调控剂，提高体内抗病因子活性，增强虾体健康水平，提升对虾的抗病和抗逆机能。⑤水源经沉淀、消毒后再行使用，防控外源潜在病原进入池塘；同时，池塘排换水经无害化处理后再行外排，防止不同池塘或不同养殖场间的交叉影响。

204. 何谓对虾肝肠孢虫？它对养殖对虾有何影响？

虾肝肠胞虫（*Enterocytozoon hepatopenaei*）是1种只寄生在对

虾肝胰腺组织中的寄生虫病原。它首先在斑节对虾虾体中被发现，其后在养殖的南美白对虾、罗氏沼虾等多种虾类体中也被检出携带该种病原生物，其感染程度远比斑节对虾严重。目前有报道称，虾肝肠孢虫已经在泰国、中国、越南、印度尼西亚、马来西亚和印度等养殖对虾主产国陆续被发现，而且在急性肝胰腺坏死综合征/早期死亡综合征等病害的掩盖下，虾肝肠孢虫的传播范围还在不断扩大。它的孢子极其微小，难以在显微镜下被观察到。虽然感染虾肝肠孢虫的对虾不像白斑综合征、急性肝胰腺坏死综合征那样导致大量死亡，但研究证实，它能严重影响养殖对虾的生长和发育。有学者指出，虾肝肠孢虫载量指数与对虾的生长呈显著的负相关性，当对虾肝胰腺中的虾肝肠孢虫载量指数大于 3 时，对虾的生长明显受到抑制。此外，它还可在养殖环境胁迫条件下诱发其他致病菌、病毒等病原的继发性感染，从而造成对虾养殖生产的巨大经济损失。

205. 如何检测对虾是否感染肝肠孢虫病原？怎样进行防控？

可采用地高辛标记核酸探针原位杂交法、PCR 法、LAMP 法等，对养殖对虾肝胰腺中的肝肠孢虫病原进行定性检测。还可采用 SYBR Green Ⅰ荧光染料，以实时定量 PCR 方法对其进行定量检测。总体而言，虾体肝肠孢虫的数量，主要与感染时间、养殖环境、饲料营养和虾苗质量等因素有关。目前，还没有专门治疗对虾肝肠孢虫的特效药物，但可以从养殖生产流程的各个细节进行防控。有学者报道，通过投喂添加中草药制剂、有益菌制剂及维生素等营养免疫增强剂，提高养殖对虾的健康水平。同时，强化养殖水体环境的调控，改善养殖水质状况，内外兼修，在一定程度上可防控养殖南美白对虾出现生长停滞、"老头虾""棉花虾"的状况。还有报道称，应将防控措施落实到由苗种培育到商品虾养殖的全过程。育种和培苗过程中，需确保对虾亲本和各种设施未被病原污染，应使用消毒液对所有育种培苗的工具进行消毒处理，保证所生产的对虾苗中不携带特定病原（SPF）；养殖前应对池塘和水体进行彻底消毒，所放养虾苗应检测确保不携带有肝肠孢虫病原，养殖全程严格控制病原传入的各种潜在途径，以生物安保的养殖操作原则进行养殖生产管理，系统防控对虾肝肠孢虫病害的传播与暴发。

206. 养殖对虾出现软壳由什么原因引起？

软壳也是对虾养殖过程中的主要病害之一，对对虾的生长影响很大，严重时会出现较多对虾死亡。导致对虾软壳的原因，可能有以下几种：

（1）长期投喂不足或饲料配方不合理，使对虾摄取营养不足，呈饥饿状态。

（2）磷是对虾甲壳形成和钙化过程中的主要元素，当池水中因溶解态磷的含量过低，对虾的磷摄取不足，即导致软壳。

（3）养殖水体缺少适量的钙，不能满足对虾正常蜕壳的需要，尤其出现在低盐度养殖中。

（4）养殖密度过高，造成养殖环境恶劣，导致水质恶化，致使虾壳变软。

（5）尤其在淡水中，亚硝酸盐对虾的影响较大。当含量超过一定浓度（不同水体有所差异，一般超过 0.3 毫克/升）时，会导致对虾软壳。

（6）池水中有机锡或有机磷杀虫剂的浓度过高，使对虾甲壳中几丁质的合成受到抑制。

207. 为什么养殖对虾常常浮游于水面又蜕不了壳？

对虾常常独自浮游于水面，又不摄食，这可能有两个原因：一是底质可能污染严重，氨氮高或硫化氢多，导致虾体不适而上游；二是可能患上了纤毛虫病。

防治措施为：

（1）养殖中、后期，适量换进已消毒的无污染和不带病毒的水源。

（2）每 10～15 天，每亩施用 30 千克沸石粉或白云石粉，以调节水质，降低有机物分解产生的有害物质。

（3）如果感染纤毛虫，在有水源的条件下，可用 10～15 毫克/升的茶麸全池泼洒，促进对虾蜕壳，再更换部分新水；养殖过程注意池塘底质和水质的改良，多使用芽孢杆菌制剂降解转化代谢产物，避免施肥过度，不使用未经发酵熟化的有机肥，发生藻类死亡要及时使用有益菌降解转化，同时尽快重新培养浮游微藻；可以全池均匀泼洒"纤虫净"，隔天全池泼洒二氧化氯制剂，2 天后泼洒有益菌制剂；间隔 10 天后，再重复上述措施 1 次。同时，在饲料中拌喂大蒜和中草药制剂，每天 2 餐，连用 3～5 天。

（4）加强营养，选择优质饲料，并添加稳维生素 C 以及大蒜50 克。

208. 如何促进养殖对虾蜕壳?

由于海水盐度过高或底质污染，此时对虾难蜕壳，虾壳又不清洁，可以采取以下措施：

（1）引进淡水刺激蜕壳。可抽取地下水或引山溪淡水入池，使池水盐度在短时间内下降 2～3，以刺激蜕壳。

（2）在饲料中每千克加 2～4 克维生素 C，以稳定型维生素 C较佳。

（3）使用茶麸刺激蜕壳。每个大潮期换水 2～3 天后，一般是池虾蜕壳高峰期，原因是经新鲜海水及水流刺激，此时用15～20 毫克/升浓度的茶麸，可以刺激虾体，使蜕壳困难之虾顺利蜕壳，对虾得以同步生长。把茶麸充分粉碎浸泡 24 小时以上，然后加水均匀泼洒，泼洒时要降低水位。茶麸刺激 3～4 小时后，要迅速地纳进新鲜海水，以免高浓度刺激时间太长，为害对虾，要在晴天进行。定期使用茶麸，也可毒死凶猛鱼类和病菌，起到防病除害的作用。

209. 影响养殖对虾发病的水体理化因子有哪些?

养殖水体中的氨氮、亚硝酸盐、硫化氢等浓度较高时，会对对虾的生理活动产生影响,严重时可引起对虾发病。这些因子对对虾的毒性,随着溶解氧浓度的增加而降低。所以,当水体中这些因子的浓度增高时,可打开增氧机增加水体的溶解氧,以缓解它们的毒性。另外,施放光合细菌、乳酸菌和芽孢杆菌等有益菌,也是一种很好的方法。

210. 气候异常时怎样预防养殖对虾发病?

气候变化常会引起水体理化因子的变化,所以,当气候变化超过一定阈值时,水体理化因子变化也常引起对虾发生疾病。暴雨、高温、寒潮到来时,对对虾的影响最大,为了避免这些不利因素的影响,可通过加高水位、增加溶氧、稳定水质和饲喂抗病中草药等措施,来抵消这些影响。

211. 低质饲料会不会诱发养殖对虾发病?

养殖过程中,最好能选择优质的饲料用于投喂对虾。质量低劣的饲料,不仅营养价值低,往往还含有黄曲霉素等有害的成分。这些饲料不仅不利于对虾的生长,还可能诱发对虾发病。主要原因是虾苗可能携带病毒,处于潜伏感染状态,不利的条件容易诱发潜伏感染转为急性感染,进而暴发流行。所以,要选用正规来源的饲料,既能保证提供对虾生长所需的各种营养成分,又没有因饲料霉变而带来的养殖风险。

212. 平时应如何采取虾病的防治措施?

在养殖过程为防止虾病发生,做好虾病的正常性防治是最重要的。具体工作为:

(1) 采取封闭、半封闭的养殖方式,建立健全水质监测制度。如水源经化验后达到养殖水标准,可适当换水,但每次换水量不能超过20%。

(2) 虾池放苗前要对水体严格消毒,勿用高残毒的消毒药物。

（3）慎重选择养殖种苗。凡采用高温和抗生素药物育出的虾苗尽量不用，宁可暂缓放苗或不放苗。虾苗最好要进行 PCR 检测，证实无特异性病毒和病害方可使用。

（4）如发现虾体上附着大量聚缩虫，致对虾蜕皮困难，必须用 15 毫克/升的茶麸全池泼洒，促进对虾蜕壳。或用蜕壳素 2% 添加粉饲料中，亦可在饲料中添 2 克/千克的维生素 C。

（5）每个虾场的工具必须严格消毒，特别发现有病虾的虾池，用具要专池专用。

（6）减少环境对对虾的压力和各种刺激，适当控制对虾的密度。

（7）培养足够的浮游生物，抑制蓝—绿藻的生长，减少有机物污染，防止池水发生富营养化。

（8）发现个别死虾，应尽量从池中拣出，找有经验的科技人员分析病原，切不可粗心大意。靠边拒食及活动反常的虾要观察、捕获，避免虾吃虾，控制虾病传播。

213.　养殖对虾应激反应的危害是什么？有什么典型症状？

对虾属于无脊椎动物，不具有特异性免疫系统。因此，不能对病毒进行特异性免疫，而且目前市场上的大多数苗种本身或养殖环境中携带病毒，在养殖过程中对虾发生应激，超过自身能承载的负荷之后，就会导致病毒病的暴发。

对虾较严重的应激反应症状，有游塘、浮头不下沉、食欲不振、痉挛、软壳、红体、白浊及一些不明原因的死亡。

214.　养殖对虾应激反应的诱发因素有哪些？

（1）内部原因　自身免疫力低下，体质弱，抵抗力差。

（2）外部原因　环境（水温、盐度、光照、溶氧、藻相）突变、消毒杀虫后、添换水后、暴风雨前后、惊吓、捕捞、水质恶化、水体污染等。

215. 养殖对虾应激反应前后该采取哪些措施？

（1）在环境（水温、盐度、光照、溶氧、藻相）突变、暴风雨前后、对虾受惊吓、捕捞前后，要及时投放抗应激剂，增强对虾抗应激力。

（2）使用消毒剂前投放抗应激剂，增强对虾抗应激力；使用消毒剂后投放解毒剂，消除水体中可能残存的消毒剂。

（3）定期使用有益微生物制剂调理水质，避免浮游微藻大量死亡及水质恶化。

（4）在饲料中添加免疫增强剂，增强对虾体质，提高抗应激能力。

216. 中草药药饵防治对虾疾病有何作用？

目前，中草药药饵在养殖业中的应用已经引起一定的重视，我国已有不少科研和高等院校的专家在开展这方面的研究工作。抗菌性中草药，不仅对细菌性疾病起作用，而且对某些病毒和真菌的防治也有一定的效果。使用中草药药饵，不但能提高饲料的营养价值，而且毒副作用小，残留时间短，易溶于水，不污染环境。它们可以和抗生素药物合用，起到一定的辅助治疗作用。

中草药药饵的制备，可用穿心莲、大青叶、板蓝根、五信子、大黄、大蒜毒和鱼腥草等磨碎成粉末，单一加入饲料内或混合使用均可。这些中草药能起到调节虾体免疫能力作用，抗菌能力较强，对多种细菌有抑制作用，能增强动物白细胞的吞噬能力。许多中草药是广谱抗菌药，会起到某些抗生素、化学合成药物、矿物元素等所起不到的作用，既安全又实惠可靠，值得推广。

217. 为什么对虾养殖需要投喂药饵？

对虾栖息在养殖池底，但池底一般存在有许多病原体，这些病原体一旦侵入虾体，就有可能会使对虾发病。一般在较好的养殖环境中，虽然有许多病原体存在，但对虾仍能生长良好，因为正常的对虾体内存在着各种抗病因子，并且有三道防线来保护自己：第一道防线是虾体的甲壳和黏膜，它们不仅能够阻挡病原体侵入虾体，而且它们的分泌物还有杀菌作用；第二道防线是体液中的杀菌物质和血液细胞中的吞噬细胞、小颗粒细胞和颗粒细胞；第三道防线是免疫系统、抗微生物因子、凝集素和杀伤因子。当病原体进入虾体时，刺激淋巴细胞产生一种抵抗该病原的特殊蛋白质，从而将该病原体消灭。

如果对虾免疫力下降，致使病菌侵入感染，虾病就会暴发。为提高对虾免疫力和病害抵抗力，虾苗一入场后，就必须投喂营养型药物饵料。

使用药饵，可激发虾体的防病功能和生活力，促进机体代谢活动，增强主动免疫力，预防虾病发生，为高健康对虾养殖奠定基础。所以说，投喂药饵是对虾养殖不可缺少的重要措施。但有些养殖户对此不以为然，主要原因是对药饵的特殊性不了解。药饵因所含药物种类、含量、性能及生产工艺等方面不同，效果也不同，如何因地制宜、合理使用药饵，是防治虾病中需要加强研究的现实问题，切不可忽视。

218. 为何要把中草药制剂与有益菌联合使用？

中草药中的多糖、苷类，能提高或调节养殖生物的免疫机能，但它们只有通过代谢转化后才能发挥其有效作用。如甘草含有多种有效成分，其中的甘草甜素被服用后并不能被直接吸收利用，而是在肠道菌的作用下，切去其含糖部分形成糖原后，才被机体吸收至血液而发挥效用。中草药与益生菌剂在防病促生长等方面是相辅相成的。扶正固本类的中草药如黄芪、党参等，除可增强机体免疫功能外，还可促进双歧杆菌、乳酸杆菌的生长；同时，双歧杆菌、乳酸杆菌等能增强机体免疫力、与扶正固本类中草药协同发挥作用。研究表明在饲料中添加0.1%中草药制剂和0.15%芽孢杆菌制剂，有利于提高对虾的成活率、生长率、增重率和蛋白质积存率，降低饲料系数；在饲料中添加0.2%中草药和0.3%的芽孢杆菌，有利于提高南美白对虾机体的SOD、总抗氧化活性、溶菌酶等各项指标的活性，提高对虾的非特异性免疫机能，增强体质，提高对虾自身抵抗病害的能力。

219. 当养殖对虾病害暴发无法挽救时如何进行妥善处理？

应防止造成病原的扩散，污染海区水域，传播病害。发现养殖对虾发生病害，应及时捞出虾池内的病、死虾，运输至远离养殖区的地方，用生石灰或漂白粉消毒后掩埋处理，养殖池塘水体应进行消毒处理后再排放。治疗期间的换水、排水，应做适当消毒处理后再排放；放弃养殖的池塘，应施用漂白粉彻底杀灭水体生物，停置4～5天后再排放。

220. 应该树立怎样的对虾养殖病害防控理念？

①树立科学的病害防控理念。充分认识病害发生的潜在原因与途径，建立"以防为主、防治结合"的病害防控应对措施，并贯穿养殖全过程。通过不断学习，多方面交流，及时了解相关动态，在学习、借鉴和总结中提升对虾健康养殖技术水平，在病害防控中做到"辩症施治、对症下药"。②树立健康的病害防控理念。科学应用生态的方法防控病害的发生，做到杜绝用药或科学地少量使用低毒高效的药物，生产无公害的对虾产品；认真学习有关文件规定，不使用国家明文规定的禁用药物，同时，还需做到按照用药说明严格遵守"休药期"的要求；逐渐形成在专业人员指导下进行用药的习惯，避免仅凭经验盲目用药。③树立持续发展的病害防控理念。有效解决"养殖与生态和谐"的核心问题，建立排放水净化设施，实施养殖全程的封闭式管理，养殖排放水经沉淀净化后进行循环使用，提高水资源的利益效率，同时，也使水源区域的生态环境得以休养生息。

五、营养饲料与科学投饵

221. 与使用鲜活饵料相比，配合饲料养虾的优势在哪里？

配合饲料是一种营养全面、配比均衡、利用率高、安全性好、使用方便的对虾饵料，配合饲料的推广应用，是为了解决集约化养殖过程中对虾饵料的供应问题，弥补过去投喂鲜活饵料的种种不足：

（1）**营养不均衡**　鲜活饵料则往往不能提供全面均衡的营养。配合饲料的配方是在大量科学试验数据的基础上进行设计的，充分满足了对虾在生长过程中对各种营养素的需要，实现了营养物质的优化搭配。

（2）**容易传播病害**　鲜活饵料由于来源不明，且未经过任何消毒处理，难以避免病害传播。配合饲料的加工过程，经过了调质、熟化、制粒、后熟化等工艺的高温高压处理，各种病原被彻底消除，不会传播病害，使用安全。

（3）**供应不稳定**　鲜活饵料因捕捞受制因素较多，不能保证按时按量供应。配合饲料产量稳定，服务周到，供应及时。

（4）**容易败坏水质**　鲜活饵料入水后易于分解滋生病原，使水质变坏。配合饲料水中稳定性好，易于根据采食情况控制用量，不易败坏水质。

（5）**使用不方便**　鲜活饵料容易腐败变质，难于保存，且投喂不方便。配合饲料保质期较长，使用时拆封后直接投喂即可，方便快捷。

222. 蛋白含量高就是好饲料吗？

蛋白含量高的配合饲料不一定是好饲料。饵料系数低，节约减排，安全高效，抗病抗逆抗应激，并能确保养殖对虾健康生长的饲料才是好饲料。

223. 用什么方法快捷判断对虾饲料质量的优劣？

可通过"一看、二嗅、三尝、四试水"的直观方法，初步进行判断。

（1）一看饲料外观　质优的饲料应颗粒大小均匀，表面光滑，切口平整，含粉末少，色泽均匀一致。

（2）二嗅饲料气味　有鱼粉的腥香味，饲料质量比较优；没有香味，或者有刺鼻的香精气味，或者只有面粉味道的饲料质量比较差。

（3）三尝饲料味道　用口尝可以检验饲料是否新鲜，有没有变质。

（4）四试饲料溶水性　取一把饲料放入水杯中，盛上水，过半个小时取出几粒出来用手捏，略有软化的则较好，没有软化的原料调质工艺有问题；再过3个小时观察，尚在水杯中的饲料，仍然保持着颗粒形状不溃散的为好；凡是过早溃散或者很难软化的饲料，工艺上都存在不足。

224. 对虾饲料添加剂和预混合饲料有何作用？

在配制对虾饲料时，饲料添加剂和预混合饲料，有助于补充大比重原料的营养成分不足，或增强免疫功能和抗逆能力，或防止霉变和氧化等。

225. 为什么要在对虾配合饲料中加入免疫增强促长剂？

在对虾配合饲料中，加入优质的免疫增强促长剂，不仅可以节省鱼粉或蛋白原料，而且还可提高对虾免疫力，增强对虾抗胁迫能力，促进对虾生长，并且有利于生产出优质的对虾产品。

226. 可否用免疫增强促长剂拌饲料饲喂对虾?

如果买到的商品饲料中未添加免疫增强促长剂，则可在对虾饲料中加适量水，并按适当比例拌入免疫增强促长剂，晾干后再饲喂对虾。这样，也能起到提高对虾饲料利用率，增强对虾抗病抗应激能力，促进对虾生长的作用。

227. 为什么要用维生素拌饲料饲喂对虾?

维生素是一类分子量较低的活性物质，对虾的需求量很小，但对其生命活动具有重要作用。目前认为，有 11 种水溶性维生素和 4 种脂溶性维生素是对虾所必需的。

一般而言，原来添加到对虾配合饲料中的维生素，在加工、贮藏和运输中已消耗掉绝大部分。因此，用维生素拌虾料，可以补充已经损失掉的维生素。

228. 在饲料中添加大蒜有何作用?

因大蒜含大蒜素，有强烈的诱食性和广效杀菌作用，对防治对虾弧菌病效果很好。在对虾饲料中加入适量的大蒜，能预防多种由原生动物、细菌、霉菌引起的病害，对烂眼病和红腿病有特效。其添加量以 5％为宜，即 1 千克饲料加 50 克大蒜，生大蒜以压碎榨汁与饲料混合为宜。

加大蒜有蒜臭味难闻，可加入 0.8％柠檬酸、0.3％磺化钾或 1％乙醇，以除去大蒜的臭味。

229. 在饲料中添加鱼油或鱼肝油有什么好处?

鱼油是鱼粉加工厂的副产品，含有 15％的游离脂肪酸，其中，不饱和脂肪酸与饱和脂肪酸分别为 1.6％和 1.94％。不饱和脂肪酸含量远比植物油高，同时，也富含维生素 A 和维生素 D。缺点是易酸败变质。

鱼肝油为水产动物的肝油浓缩维生素 A 后的副产品，品质较稳定，富含不饱和脂肪酸与饱和脂肪酸、维生素 A 和维生素 D。

一般饲料中维生素 A 和维生素 D 并不缺乏，在饲料中添加或喷涂鱼油或鱼肝油，除可提供有益于对虾生长及提高抗病力的高度不饱和脂肪酸外，还可起到包被添加剂的作用。

需要注意的是，鱼油极易酸化变质，因而选择时必须严格注意其品质。

230. 为什么要在饲料中添加维生素 C 等？

维生素 C 在对虾的生理活动中具有极为重要的作用，具有广泛的生理功能：

(1) 由胶原蛋白形成，微血管和结缔组织中不可缺少的成分。

(2) 能提高肝脏解毒能力。

(3) 能诱发多功能氧化酶的活性，加强对异物药物的异化作用，可提高机体的抗病力。

(4) 能保护微血管，预防坏血病，帮助虾体伤口的愈合。

(5) 对对虾的蜕皮和生长有一定的促进作用。

231. 如何估计对虾的摄食量并确定日投饵量？

一般说来，对虾的日摄食量与体长、体重的关系大体为：体长 1～2 厘米，其日摄食量约占自身体重的 150％～200％；3 厘米长的虾体为 100％；4 厘米为 50％；5 厘米为 32％；6 厘米为 26％；7 厘米为 24％；8 厘米为 18％；10 厘米为 13％；12 厘米为 10％；13 厘米以上为 5％～8％。

以对虾为例，其日投量（配合饲料）一般按每尾体重来计算。若每尾虾重为 1 克，则应投的饲料为体重的 16％，即需 0.16 克的饲料；2克重为 14%；3克重为 12%；5克重为 10%；8克重为 8%；15～20克重为 6%～5%；20～30克重为 5%；30克重以上为 4%。

232. 为何要投喂经有益菌发酵的饲料？

在饲料投喂前利用芽孢杆菌、乳酸杆菌等有益菌制剂对饲料进行发酵处理，发酵时间为 16～24 小时。通过有益菌的新陈代谢和降解转化，可把饲料原料转化为菌体蛋白、生物活性物质，并产生一定量的复合酶、有机酸，从而提高饲料营养的消化吸收效率，减轻对虾排泄物对养殖水环境的潜在污染。同时，还可优化对虾消化道微生态环境，形成以有益菌为优势的菌群结构，有效抑制有害菌的生长繁殖；饲料发酵过程中所产生的生物酶、活性肽、多糖、多维等中间代谢产物，还有益于提高对虾的抗病机能，促进养殖对虾的健康生长。一般每天投喂益生菌发酵的饲料 1～2 次，发酵饲料的投喂量占当天饲料投喂量的比例，一般为前期（1～20天）30%～50%；养殖中期（20～50 天）20%～30%；养殖后期（50 天至收获）15%～20%。至于具体的有益菌用量、饲料用量等，还需根据不同的养殖模式、设施条件、天气情况、对虾生长阶段、所选用菌剂的活菌含量及生物活性特点等具体情况合理确定。

233. 水产养殖中可用于饲料添加剂的物质有哪些？

根据中华人民共和国农业部公告 2013 第 2045 号的规定，水产养殖过程中可用于饲料添加剂的物质，主要包括微生物、氨基酸及其类似物、维生素及类维生素、矿物元素及其络（螯）合物、抗氧化剂、调味和诱食物质、着色剂、黏结剂、抗结块剂、稳定剂和乳化剂、多糖和寡糖、酶制剂、防腐剂、防霉剂和酸度调节剂，以及植物提取物等其他物质。具体所示。

饲料添加剂品种目录

（摘选自中华人民共和国农业部公告 2013 第 2045 号）

类别	通用名称	适用范围
微生物	地衣芽孢杆菌、枯草芽孢杆菌、两歧双歧杆菌、粪肠球菌、屎肠球菌、乳酸肠球菌、嗜酸乳杆菌、干酪乳杆菌、德式乳杆菌乳酸亚种（原名：乳酸乳杆菌）、植物乳杆菌、乳酸片球菌、戊糖片球菌、产朊假丝酵母、酿酒酵母、沼泽红假单胞菌、婴儿双歧杆菌、长双歧杆菌、短双歧杆菌、青春双歧杆菌、嗜热链球菌、罗伊氏乳杆菌、动物双歧杆菌、黑曲霉、米曲霉、迟缓芽孢杆菌、短小芽孢杆菌、纤维二糖乳杆菌、发酵乳杆菌、德氏乳杆菌保加利亚亚种（原名：保加利亚乳杆菌）	养殖动物
	产丙酸丙酸杆菌、布氏乳杆菌、副干酪乳杆菌	青贮饲料
	凝结芽孢杆菌、侧孢短芽孢杆菌（原名：侧孢芽孢杆菌）	水产养殖动物
氨基酸及其类似物	L-赖氨酸、液体 L-赖氨酸（L-赖氨酸含量不低于50%）、L-赖氨酸盐酸盐、L-赖氨酸硫酸盐及其发酵副产物（产自谷氨酸棒杆菌、乳糖发酵短杆菌，L-赖氨酸含量不低于 51%）、DL-蛋氨酸、L-苏氨酸、L-色氨酸、L-精氨酸、L-精氨酸盐酸盐、甘氨酸、L-酪氨酸、L-丙氨酸、天（门）冬氨酸、L-亮氨酸、异亮氨酸、L-脯氨酸、苯丙氨酸、丝氨酸、L-半胱氨酸、L-组氨酸、谷氨酸、谷氨酰胺、缬氨酸、胱氨酸、牛磺酸	养殖动物
	蛋氨酸羟基类似物、蛋氨酸羟基类似物钙盐	水产养殖动物
维生素及类维生素	维生素 A、维生素 A 乙酸酯、维生素 A 棕榈酸酯、β-胡萝卜素、盐酸硫胺（维生素 B_1）、硝酸硫胺（维生素 B_1）、核黄素（维生素 B_2）、盐酸吡哆醇（维生素 B_6）、氰钴胺（维生素 B_{12}）、L-抗坏血酸（维生素 C）、L-抗坏血酸钙、L-抗坏血酸钠、L-抗坏血酸-2-磷酸酯、L-抗坏血酸-6-棕榈酸酯、维生素 D_2、维生素 D_3、天然维生素 E、dl-α-生育酚、dl-α-生育酚乙酸酯、亚硫酸氢钠甲萘醌（维生素 K_3）、二甲基嘧啶醇亚硫酸甲萘醌、亚硫酸氢烟酰胺甲萘醌、烟酸、烟酰胺、D-泛醇、D-泛酸钙、DL-泛酸钙、叶酸、D-生物素、氯化胆碱、肌醇、L-肉碱、L-肉碱盐酸盐、甜菜碱、甜菜碱盐酸盐	养殖动物

（续）

类别	通用名称	适用范围
矿物元素及其络（螯）合物	氯化钠、硫酸钠、磷酸二氢钠、磷酸氢二钠、磷酸二氢钾、磷酸氢二钾、轻质碳酸钙、氯化钙、磷酸氢钙、磷酸二氢钙、磷酸三钙、乳酸钙、葡萄糖酸钙、硫酸镁、氧化镁、氯化镁、柠檬酸亚铁、富马酸亚铁、乳酸亚铁、硫酸亚铁、氯化亚铁、氯化铁、碳酸亚铁、氯化铜、硫酸铜、碱式氯化铜、氧化锌、氯化锌、碳酸锌、硫酸锌、乙酸锌、碱式氯化锌、氯化锰、氧化锰、硫酸锰、碳酸锰、磷酸氢锰、碘化钾、碘化钠、碘酸钾、碘酸钙、氯化钴、乙酸钴、硫酸钴、亚硒酸钠、钼酸钠、蛋氨酸铜络（螯）合物、蛋氨酸铁络（螯）合物、蛋氨酸锰络（螯）合物、蛋氨酸锌络（螯）合物、赖氨酸铜络（螯）合物、赖氨酸锌络（螯）合物、甘氨酸铜络（螯）合物、甘氨酸铁络（螯）合物、酵母铜、酵母铁、酵母锰、酵母硒、氨基酸铜络合物（氨基酸来源于水解植物蛋白）、氨基酸铁络合物（氨基酸来源于水解植物蛋白）、氨基酸锰络合物（氨基酸来源于水解植物蛋白）、氨基酸锌络合物（氨基酸来源于水解植物蛋白）	养殖动物
	蛋白铜、蛋白铁、蛋白锌、蛋白锰	养殖动物
	稀土（铈和镧）壳糖胺螯合盐	鱼和虾
抗氧化剂	乙氧基喹啉、丁基羟基茴香醚（BHA）、二丁基羟基甲苯（BHT）、没食子酸丙酯、特丁基对苯二酚（TBHQ）、茶多酚、维生素E、L-抗坏血酸-6-棕榈酸酯	养殖动物
调味和诱食物	糖精钠、山梨糖醇、食品用香料、牛至香酚、谷氨酸钠、5'-肌苷酸二钠、5'-鸟苷酸二钠、大蒜素	养殖动物
着色剂	天然叶黄素（源自万寿菊）、虾青素、红法夫酵母	水产养殖动物
黏结剂、抗结块剂、稳定剂和乳化剂	α-淀粉、三氧化二铝、可食脂肪酸钙盐、可食用脂肪酸单/双甘油酯、硅酸钙、硅铝酸钠、硫酸钙、硬脂酸钙、甘油脂肪酸酯、聚丙烯酸树脂Ⅱ、山梨醇酐单硬脂酸酯、聚氧乙烯20山梨醇酐单油酸酯、丙二醇、二氧化硅、卵磷脂、海藻酸钠、海藻酸钾、海藻酸铵、琼脂、瓜尔胶、阿拉伯树胶、黄原胶、甘露糖醇、木质素磺酸盐、羧甲基纤维素钠、聚丙烯酸钠、山梨醇酐脂肪酸酯、蔗糖脂肪酸酯、焦磷酸二钠、单硬脂酸甘油酯、聚乙二醇400、磷脂、聚乙二醇甘油蓖麻酸酯、丙三醇	养殖动物

（续）

类别	通用名称	适用范围
多糖和寡糖	低聚木糖（木寡糖）、低聚壳聚糖、半乳甘露寡糖果寡糖、甘露寡糖、低聚半乳糖、β-1，3-D-葡聚糖（源自酿酒酵母）	水产养殖动物
酶制剂	淀粉酶（产自黑曲霉、解淀粉芽孢杆菌、地衣芽孢杆菌、枯草芽孢杆菌、长柄木霉、米曲霉、大麦芽、酸解支链淀粉芽孢杆菌）	青贮玉米、玉米、玉米蛋白粉、豆粕、小麦、次粉、大麦、高粱、燕麦、豌豆、木薯、小米、大米
	α-半乳糖苷酶（产自黑曲霉）	豆粕
	纤维素酶（产自长柄木霉、黑曲霉、孤独腐质霉、绳状青霉）	玉米、大麦、小麦、麦麸、黑麦、高粱
	β-葡聚糖酶（产自黑曲霉、枯草芽孢杆菌、长柄木霉、绳状青霉、解淀粉芽孢杆菌、棘孢曲霉）	小麦、大麦、菜籽粕、小麦副产物、燕麦、黑麦、黑小麦、高粱
	葡萄糖氧化酶（产自特异青霉、黑曲霉）	葡萄糖
	脂肪酶（产自黑曲霉、米曲霉）	动物或植物源性油脂或脂肪
	麦芽糖酶（产自枯草芽孢杆菌）	麦芽糖
	β-甘露聚糖酶（产自迟缓芽孢杆菌、黑曲霉、长柄木霉）	玉米、豆粕、椰子粕
	果胶酶（产自黑曲霉、棘孢曲霉）	玉米、小麦
	植酸酶（产自黑曲霉、米曲霉、长柄木霉、毕赤酵母）	玉米、豆粕等含有植酸的植物籽实及副产品原料

（续）

类别	通用名称	适用范围
酶制剂	蛋白酶（产自黑曲霉、米曲霉、枯草芽孢杆菌、长柄木霉）	植物和动物蛋白
	角蛋白酶（产自地衣芽孢杆菌）	植物和动物蛋白
	木聚糖酶（产自米曲霉、孤独腐质霉、长柄木霉、枯草芽孢杆菌、绳状青霉、黑曲霉、毕赤酵母）	玉米、大麦、黑麦、小麦、高粱、黑小麦、燕麦
防腐剂、防霉剂和酸度调节剂	甲酸、甲酸铵、甲酸钙、乙酸、双乙酸钠、丙酸、丙酸铵、丙酸钠、丙酸钙、丁酸、丁酸钠、乳酸、苯甲酸、苯甲酸钠、山梨酸、山梨酸钠、山梨酸钾、富马酸、柠檬酸、柠檬酸钾、柠檬酸钠、柠檬酸钙、酒石酸、苹果酸、磷酸、氢氧化钠、碳酸氢钠、氯化钾、碳酸钠	养殖动物
其他	天然类固醇萨洒皂角苷（源自丝兰）、天然三萜烯皂角苷（源自可来雅皂角树）、二十二碳六烯酸（DHA）	养殖动物
	杜仲叶提取物（有效成分为绿原酸、杜仲多糖、杜仲黄酮）、紫苏籽提取物（有效成分为 α－亚油酸、亚麻酸、黄酮）	鱼、虾

234. 如何确定不同养殖阶段的配合饲料型号？

目前，为满足对虾在不同生长阶段的营养需求和口器的大小差异，对虾人工配合饲料通常分为 0 号、1 号、2 号和 3 号四种型号。考虑到饵料的营养配方和适口性，养殖生产中通常是根据对虾的个体规格，来选择人工配合饲料的型号，体长 1～3 厘米多选择 0 号饲料；体长 3～5 厘米选择 1 号饲料；体长 5～8 厘米选择 2 号饲料；当对虾体长达到 8 厘米以上时选择 3 号饲料。

235. 如何确定投喂次数及相应投喂量？

养殖早期（30 天以前），投喂 2 次，早上、傍晚各 1 次；养殖中期（30~45 天），投喂 3 次，早上、中午、傍晚各 1 次；养殖中期、后期（45 天以后），投喂 4 次，早上、中午、傍晚、深夜各 1 次。其中，早晨和深夜各占日投喂量的 30%，中午和傍晚各占日投喂量的 20%。在养殖中后期，可以适当增加投喂次数，实行少量多次的原则，更有利于其快速生长，降低饵料系数和减轻池塘的污染程度。

当个体差异较大或饲料型号转换时，应有 5~10 天的混合过渡期。根据养殖对虾的大小来选择几种料号，先投大号料，后投小号料。如在养殖中期存在体长 3~7 厘米不同规格的养殖对虾，可以先投喂 2 号料，再投喂 1 号料，各种型号饲料的投料量比例对应不同规格的存塘虾量。

236. 如何估算虾塘中对虾的成活率？

（1）在放苗时采用网箱放养法 投苗时按该塘平均密度投苗于网箱中，进行定期抽查计数。如果没有敌害，一般该池虾的成活率比网箱的成活率高 10% 左右。

（2）用旋网进行取样抽查 在池中不同点多次抽样，得出单位面积尾数，然后乘以池塘面积，再乘逃逸系数，来确定虾池中对虾的数量。逃逸系数一般为：水深 1.2 米以下取 1.3，水深 1.3~1.5 米时取 1.5。然后，按水深每增加 10 厘米可增加 0.1 计。

237. 投喂饲料时应注意哪些事项？

投喂饲料时应注意以下事项：

（1）一般不需要投喂饱食量，以免剩余饲料使虾塘水质环境变差。池塘内会繁殖一定数量的天然饵料，再考虑到蜕皮等对虾停食的因素，一般可按日摄食量的 70%~80% 投喂。

（2）根据对虾摄食情况，灵活掌握投喂量。投料后仔细检查对虾的摄食情况，注意投饵后是否很快被吃光。一般情况下，投饵后 1~1.5 小时，应有 90% 以上的对虾达到饱腹程度，否则是投料不够。如果在下次投料时，虾塘内仍有残存饲料，则应减少或停止投料。

（3）根据对虾生长和活动情况确定投喂量。7～8月对虾体长日增长值应在1毫米以上，如达不到这一数值，可能是投饵不足的表现。对虾白天成群结队地沿池边朝一个方向游泳，也可能是投饵量不足所致。如有上述现象的出现，则应适当增大投饵量。

（4）根据环境条件确定投饵量。水温过高或过低、盐度突变以及水质不良，均可引起对虾摄食量下降。尤其在水质不良时，如果仍按正常投喂量投喂，便会出现残存饲料，将加剧水质、底质恶化，形成恶性循环，严重时将引起对虾窒息死亡。因此，在水质不良时，应及时调控投喂量。

（5）对虾饲料应存放在干燥、阴凉的地方，一经开包，尽快用完，以免香味、营养成分流失和变质。

238. 饲料贮存有哪些注意事项？

（1）饲料应贮存在干燥、阴凉和通风的地方。

（2）贮存时间不能太长，一般以3个月为限，超过3个月维生素等物质将分解。饲料从购进后最好在2个月内用完，在保质期内，最早购进的饲料最先使用。

（3）饲料不能直接堆放在水泥地上或紧靠水泥墙，要放在木制货架上，堆放饲料时应离墙一段距离，饲料堆间也应保持一定间距，堆包不能过大。贮存饲料不要堆得太高，一般不要超过5包，以保证空气流畅，温度和湿度恒定。

（4）要避免阳光直射，昼夜温度变化大容易导致饲料变质。

239. 养殖过程如何节省饲料成本？

（1）在放养前处理时，彻底清除野杂鱼虾蟹，减少争食者。

（2）注意选择正规饲料和适应饲料型号。

（3）保持养殖过程水质清新，促进对虾健康快速生长。

（4）掌握好投饵技巧，保持对虾七成饱，减少饲料浪费。

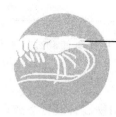

六、用药安全

240. 如何正确选用防治虾病的药物？

防治虾病离不开药物，而对症下药是首要问题。如果随便用药，不但起不到防治的作用，反而有害，甚至适得其反。要做到对症下药，除了要对虾病做出正确诊断外，还要了解药物的性能、作用机理、用量及应用效果，力求达到用药准确，疗效高，毒副作用小，并能充分发挥药物的效能。

241. 如何进行虾药的选用？

养殖者应根据所养殖对虾的病原和渔药说明书，来选用渔药或饲料药物添加剂。所选用的药物饲料添加剂，应符合《饲料和饲料添加剂管理条例》的规定，不得选用国家禁止使用的药物或添加剂，也不得长期贮存添加抗菌药物的饲料。选药应该遵循以下原则：

（1）有效性 首先，要看某种药物对某种疾病的治疗效果。一般以给药后死亡率的降低情况，作为确定疗效的主要依据。另外，还必须从摄食率、增重率等方面与对照组进行比较，并以病理组织学证明治愈效果为依据。

（2）安全性 在选择药物时，既要注意其疗效，又要注意其不良反应。虽然有的药物非常有效，但因其对养殖动物毒副作用较大，或对人具有潜在的危害，而不得不被禁止使用。

（3）方便性 医药和兽药大多是直接个体用药，而渔药除少数情况下使用注射法和涂擦法外，大部分情况下是间接地群体用药，投喂药饵或将药物投放到养殖水体中进行药浴。因此，操作方便和容易掌握用法用量，是选择渔药的要求之一。

（4）经济性 从两方面考虑：

①临床用药经济分析：要分析用药后，养殖动物病害能否治愈；治愈后，养殖动物生长得快慢、产品品质、销售价格等，确定用药的经济性。能够不用药最好不用药。

②选择廉价易得的药物：水产养殖具有广泛、分散、大面积的特点，总体药量较大，尤其是药浴法用药。应在保证疗效和安全性的原则下，选择廉价易得的药物。

242. 渔药使用需遵循的原则是什么？

（1）渔用药物的使用，应以不危害人类健康和不破坏水域生态环境为基本原则。

（2）渔药的使用，应严格遵循国家和有关部门的有关规定，严禁生产、销售和使用未经取得生产许可证、批准文号与没有生产执行标准的渔药。

（3）积极鼓励研制、生产和使用"三效"（高效、速效、长效）、"三小"（毒性小、副作用小、用量小）的渔药，提倡使用水产专用渔药、生物源渔药和渔用生物制品。

（4）病害发生时应对症用药，防止滥用渔药与盲目增大用药量，或增加用药次数、延长用药时间等。

（5）食用对虾上市前，应有相应的休药期。休药期的长短，应确保上市水产品的药物残留限量符合国家有关规定要求。

（6）水产饲料中药物的添加，应符合国家有关规定要求，不得选用国家规定禁止使用的药物或添加剂，也不得在饲料中长期添加抗菌药物。

（7）禁止使用渔药说明：

①禁止使用原料药。

②禁止使用高毒、高残留或具有三致（致癌、致畸、致突变）毒性的渔药。

③禁止使用对水域环境有严重破坏而又难修复的渔药。

④禁止直接向养殖水域泼洒抗生素。

⑤禁止将新近开发的人用新药作为渔药成分使用。

⑥禁止使用人畜、人渔共用药。

⑦禁止使用农业部《食品动物禁用的兽药及其他化合物清单》中规定的禁用药物。

243. 如何确定给药剂量？

（1）给药剂量 按渔药制剂产品说明书为准。

（2）外用给药量的确定

①根据水产动物对某种药物的安全浓度，药物对病原体的致死浓度，而确定药物的使用浓度。

②准确地测量池塘水的体积或确定浸浴水体的体积。水体积的计算方法为：水体积（米^3）＝面积（米^2）×平均水深（米）。

③计算出用药量（克）＝需用药物的浓度（克/米^3）×水体积（米^3）。

（3）内服药给药量的确定

①用药标准量：指每千克体重所用药物的毫克数（毫克/千克），每种市售药均有注明。

②池中水产动物的总体重（千克）＝估计每尾鱼的体重（千克）×鱼的尾数；或按投饵总重量（千克）÷投饵率（％）进行计算。

③投饵率（％）：每100千克对虾体重投喂饲料的千克数，根据对虾的不同养殖阶段、水质情况进行确定。

④药物的添加率（％）：每100千克饲料中所添加药物的毫克数。由下列公式得出：用药标准量（毫克/千克）÷投饵率（％）。

⑤根据以上的数据，可以从两个方面得到内服药的给药量。

如果能估算鱼的总体重，那么给药总量（毫克）＝用药标准量×鱼总体重；如果投饵量每天相对固定，且有一定的依据，那么给药总量（毫克）＝日投饵量（千克）×药物添加率。

244. 如何确定给药时间？

（1）通常情况下，当日死亡数量达到了养殖群体的 0.1% 以上时，就应进行给药治疗。

（2）给药时间一般常选择在晴天 11：00 前（一般为9：00～11：00）或 15：00 后（一般为 15：00～17：00）给药，因为这时药生效快，药效强，毒副作用小。

245. 渔药使用过程中的注意事项是什么？

（1）泼洒法
①对不易溶解的药物应充分溶解后，均匀地全池泼洒。
②室外池塘泼洒药物一般在晴天上午进行，因为用药后便于观察，高锰酸钾等对光敏感药物则在傍晚进行。
③泼药时一般不投喂饲料，最好先投喂饲料后再用药。
④泼洒药物应在上风处逐渐向下风处泼洒，以保障操作人员安全。
⑤池塘缺氧、鱼浮头或浮头刚结束时不应泼洒药物，因为容易引起死亡事故。如池塘设有增氧机，泼洒渔药后最好适时开动增氧机。
⑥池塘泼洒渔药后一般不宜人为干扰，如拉网操作、增加投苗量等。若要进行此类操作，需待病情好转并稳定后进行。

（2）浸浴法
①捕捞患病水产养殖动物时应谨慎操作，尽可能避免患病动物受损伤。浸浴时间应视水温、患病体耐受度及渔药使用说明书等灵活掌握。
②由于浸浴时养殖动物的密度一般较大，浸浴的时间较长时要充气。
③尽量减少因浸浴所产生的应激反应。

（3）注射法 应先配制好注射药物，注射用具也应预先消毒，注射药物时要准确、快速，勿使患病水生生物受伤。

（4）口服法

①用药前应停食 1～2 天，使养殖对虾处于饥饿状态或半饥饿状态，以便其最大限度地摄食药饵。

②投喂药物饵料时，每次的投喂量应考虑同水体中可能摄食饵料的混养品种，但投饲量要适中，避免剩余。

（5）悬挂法 悬挂所用的袋（篓），应置于养殖对象经常出没的场所，如食台、塘边上风处等。悬挂所用渔药的总量，不应超过该渔药全池泼洒的剂量，抗生素等药物不得用袋（篓）悬挂用药。

（6）其他

①在使用毒性较大的渔药时，要注意安全，避免人、畜、水生生物中毒。

②化学药品配制，一般应选用木质、塑料或陶瓷容器。

③如发现用药后有异常反应时，应及时报告有关技术员或采取相应的措施，如注意排水和添加新水、增加充气量等。

④混养池塘中使用渔药时，不仅要注意患病对象的安全性，同时，也要考虑选择的药物对未患病种类是否安全。

⑤为了避免病原菌产生耐药性，还应根据药物的种类和特性，决定药物的轮换使用。

⑥注意不同生长阶段的水生动物对渔药敏感的差异性。

⑦不同的国际组织和国家，对渔药的休药期和残留限量要求都有明确的法规或管理规定，而这些规定又经常不定期修改，所以，养殖者要经常关注这些变化。

⑧用药时要注意温度、盐度的变化。通常药物的用量，是指水温 20℃时的基础用量。水温达到 25℃以上时，应酌情减少用量；低于 18℃时，应适当增加药量。

⑨要慎重用药；池塘"转水"时禁止用药。

246. 什么是休药期？

休药期是指食品动物从停止给药到许可屠宰或加工的产品（乳、蛋）许可上市的间隔时间，目的是让动物体内的或加工的产品（乳、蛋）的药物含量，降低到符合人体安全的浓度以下。休药期有两种表述方式：休药期为××天；休药期××度国·日（××度·日是欧盟标准，如 500 度·日，即该药品在全天平均水温 25℃时休药期为 20 天）。

247. 使用虾药时应注意些什么？

虾药一旦施用，就要慎之又慎。一般来说，使用虾药时应注意以下几点：

（1）正确诊断　一种药物对虾病的病因、病原应该有针对性，不可能有防治百病的灵丹妙药；导致虾类发病的原因也有很多，只有对症下药，才能达到预期有防治效果，避免因药物的不当使用而产生的副作用，同时也可以节省人力和物力。

（2）了解药物性能，掌握用量和用法　当前，养殖对虾常用的药物，各种药物都有各自的理化特性，如高锰酸钾、双氧水和二氧化氯等强氧化剂，只能现用现配；如光敏药物则应在早、晚使用；如同属于含氯消毒剂的二氧化氯与三氯异氢尿酸，它们的用法和用量是有区别的，应该根据药物的理化性能正确使用。

（3）了解养殖环境，合理使用药物　防治疾病时，一般以一个池塘作为用药单位（如全池泼洒）。池塘的理化因子，如 pH、溶解氧、盐度和水温等，生物因子，如浮游生物、底栖生物的数量、种类和密度等，以及池塘的面积、形状、水的深浅和底质状况等，都对药物的药效有一定影响。因此，必须在了解养殖池塘的具体基础上，科学、合理地使用药物。

（4）注意养殖品种间的差异　近年来，除养殖中国对虾、日本对虾、长毛对虾等品种外，新的养殖品种不断增加，如南美白对虾和刀额新对虾等，这些养殖品种在其养殖过程和人工育苗期也常发生病害。因此，在使用药物防治疾病时，必须考虑选择药物的用法与用量，而且不同养殖品种，对药物的耐受性是不同的，即使是同一品种，在其不同年龄和生长阶段也是有差异的。

（5）注意各类药物的相互作用　各种药物均有各自的药理效应，

但当两种或多种药物合并使用时，由于药物的相互作用，可能出现药效的加强或减弱的现象，也可能增加其毒副作用。配伍禁忌应注意避免药理性和理化性禁忌两个方面。

（6）**注意总结防治效果**　虾池用药后，通常在6～12小时内要有专人值班，密切关注养殖群体的动态。如发现异常情况应及时采取相应的措施，12小时以后也应注意观察，并记录下病情和死亡数，以便分析、判断防治效果。

248. 对虾养殖中都有哪些推荐使用的药物？

对虾养殖，要求养殖过程中尽量使用权威部门推荐使用的药物。这些药物包括：

（1）**水体消毒类药物**　如漂白粉、二氧化氯、二氯异氰尿酸钠、三氯异氰尿酸、溴氯海因、聚维酮碘和聚醇醚碘等。

（2）**抗菌、杀虫类药物**　如氟甲砜霉素（氟苯尼考）、高锰酸钾、苯扎溴铵、恩诺沙星和沙拉沙星等。

（3）**水质改良剂类**　如生石灰、硫代硫酸钠、硫酸铝钾、过氧化钙、沸石粉、麦饭石、乳酸杆菌、枯草芽孢杆菌、光合细菌、硝化细菌和反硝化细菌等。

（4）**调节或增强虾类生理机能的药物**　如维生素 B_1、维生素 C、磷酸氢钙、硫酸亚铁、硫酸锌、硫酸锰、牛磺酸、大蒜素、虾青素、葡聚糖和肽聚糖等。

（5）**中草药类药物**　如五倍子、大黄、大蒜、大青叶、黄连、黄柏、黄芩、鱼腥草、金银花、穿心莲、板蓝根、连翘、小蘖、生姜、野菊、菊花、苦参、甘草、绿豆和杜仲等。

需要特别注意的是，在使用以上药物时，应参考具体药物使用细则，清楚用量和休药期。

249. 对虾养殖中禁止使用的药物有哪些？

对虾养殖中，尤其要注意相关部门严格禁止添加的药物，并遵照执行（表1）。

表1 禁用药品与化合物分类

种　　类	目　　　　录		数量
抗生素	1. 氯霉素　　2. 红霉素　　3. 杆菌肽锌 4. 泰乐菌素　5. 阿伏霉素　6. 万古霉素		6
合成抗菌药	磺胺类	1. 磺胺噻唑　2. 磺胺脒	2
	硝基呋喃类	1. 呋喃唑酮　2. 呋喃它酮　3. 呋喃西林 4. 呋喃妥因　5. 呋喃苯烯酸钠 6. 呋喃那斯	6
	硝基咪唑类	1. 甲硝唑　　2. 地美硝唑　3. 替硝唑	3
	喹诺酮类	环丙沙星	1
	喹噁啉类	卡巴氧	1
	其他合成抗菌剂	1. 氨苯砜　　2. 喹乙醇	2
催眠镇静安定	1. 安眠酮　　　2. 氯丙嗪　　　3. 地西泮		3
β-兴奋剂	1. 盐酸克伦特罗　2. 沙丁胺醇　3. 西马特罗		3
性激素	雌激素类	1. 乙烯雌酚　　2. 苯甲酸雌二醇 3. 玉米赤霉醇　4. 去甲雄三烯醇酮	4
	雄激素类	1. 甲基睾丸酮　2. 丙酸睾酮 3. 苯丙酸诺龙	3
	孕激素类	醋酸甲孕酮	1
杀虫药	1. 六六六　2. 林丹　3. 毒杀芬　4. 呋喃丹　5. 杀虫脒 6. 双甲脒　7. 滴滴涕　8. 酒石酸锑钾　9. 锥虫胂胺 10. 五氯酚酰钠　11. 地虫硫磷　12. 氟氯氰菊酯 13. 速达肥		13
硝基化合物	1. 硝呋烯腙　2.硝基酚钠		2
汞制剂	1. 硝酸亚　2. 醋酸亚汞　3. 氯化亚汞　4. 甘汞 5. 吡啶基醋酸汞		5
其他化合物	孔雀石绿		1

250. 为何禁止在养殖过程中使用孔雀石绿？

孔雀石绿是一种带有金属光泽的绿色结晶体，分子式：

$C_{23}H_{25}ClN_2$，分子量：364.92。其在水生生物体中的主要代谢产物为无色孔雀石绿（leucomalachite green），分子式：$C_{23}H_{26}N_2$，分子量：330。

孔雀石绿是一种三苯甲烷类染料，由苯甲醛和 N，N-二甲基苯胺在盐酸或硫酸中缩合生成四甲基代二氨基三苯甲烷的隐性碱体后，在酸介质中被二氧化铅秘氧化制得。因其氯化电位势与组成酶的某些氨基酸相近，在细胞分裂时发生竞争而阻碍蛋白肽的形成，可产生抗菌杀虫作用。常被用于制陶业、纺织业、皮革业、食品颜色剂和细胞化学染色剂，1933 年起作为驱虫剂、杀菌剂、防腐剂在水产中使用，后曾被广泛用于预防与治疗各类水产动物的水霉病、鳃霉病和小瓜虫病等，特别在治疗水霉病上，至今尚无其他药物很难替代的。

但其毒副作用相当大，已禁止在水生动物中使用。具有高残留、高致癌、高致畸、致突变、高毒性等副作用。此外，还能通过溶解足够的锌，引起水生动物急性锌中毒，并引起鱼类消化道、鳃和皮肤轻度发炎，从而影响鱼类的正常摄食和生长，能阻碍肠道酶（如胰蛋白酶、α-淀粉酶）的活性，影响动物的消化吸收功能。

251. 为何禁止在养殖过程中添加硝基呋喃类药物？

硝基呋喃类药物，是人工合成的具有 5-硝基呋喃基本结构的广谱抗菌药物，对大多数革兰氏阳性菌和革兰氏阴性菌、某些真菌和原虫均有作用，曾经在养殖业中较为广泛使用。但是硝基呋喃类药物的副作用，已引起人们的高度关注。硝基呋喃类代谢产物对人体危害严重。硝基呋喃类药物在体内代谢迅速，代谢的部分化合物分子与细胞膜蛋白结合成为结合态，结合态可长期保持稳定，从而延缓药物在体内的消除速度。用呋喃唑酮饲喂对虾后，代谢物将残留在对虾肌肉等组织中。普通的食品加工方法（如烧烤、微波加工、烹调等），难以使蛋白结合态呋喃唑酮残留物大量降解。这些代谢物可以在弱酸性条件下从蛋白质中释放出来，因此，当人类吃了含有硝基呋喃类抗生素残留的食品，这些代谢物就可以在人类胃液的酸性条件下，从蛋白质中释放出来被人体吸收，而对人类健康造成危害。动物肝脏为主要的药物代谢器官，蛋白质结合态的残留药物主要累积在肝脏。

252. 违禁抗生素类药物究竟有何危害？

违禁抗生素对人体毒性较大，属于"三致"药物，对人体造成严重威胁。药物通过在对虾的残留，人食用对虾后，就存留到人体上，从而影响人的正常健康。如氯霉素，可抑制骨髓造血功能，造成过敏反应，引起再生性障碍贫血，还可以引起肠道菌群失调及抑制抗体的形成。因此，在对虾养殖过程中，务必控制抗生素药物的滥用，一旦在虾体内形成累积，极有可能对人体健康形成威胁。

253. 什么是对虾质量安全生产 HACCP 管理体系？

HACCP 是危害分析与关键控制点的英文缩写，是指对食品安全危害予以识别、评估和控制的系统化方法。HACCP 管理体系，是指企业经过危害分析找出关键控制点，制订科学合理的 HACCP 计划，在食品生产过程中有效地运行，并能保证达到预期的目的，保证食品安全体系。药物控制是对虾安全生产中的一个关键控制点，务必要做到药物投入的严格把关，才能满足对虾安全生产的要求。

254. 什么是对虾养殖可追溯体系？如何建立可追溯体系？

可追溯体系是一种可以追溯到加工、运输、养殖、苗种的现代技术体系，通过输入产品的基本信息，如追溯条码、生产批号等，就可以查询到产品的养殖作业环节、原料运输环节、基地加工环节、成品运输环节的所有信息。通过追溯，实现由下至上的信息追溯，使食品生产流通的每个环节的责任主体可以明确界定，从而更加有效地控制养殖、加工生产的安全、可靠性，确保食品安全，有效抵御风险。

建立对虾质量安全生产可追溯体系，包括两个途径：一是从前向后进行追踪，即从养殖场、收购商、加工商、运输商到销售商，这种方法主要用于查找质量问题的原因，确定产品的原产地和特征；另一种是从后向前进行追溯，也就是消费者在销售点购买的食品发现了安全问题，可以向前层层进行追溯，最终确定问题所在，这种方法主要用于问题召回。这两种途径都需要进行编码、信息技术的结合，将现代信息技术的成果应用到食品安全领域，可以实现追溯结果的高效、快速和可靠。

255. 如何建立用药记录?

（1）用药记录包括以下内容

①水生动物发病时间、症状、用药名称（商品名及有效成分）、给药途径、用法用量、疗程、治疗时间和生产厂家等。

②预防或促生长混饲给药记录，如药品名称（商品名及有效成分）、给药剂量、疗程等。

（2）渔药使用记录应有专人负责，记录完整，建档保存。

（3）渔药使用记录，应当保存至该批水产品全部销售后 2 年以上。

（4）有休药期规定的渔药用于水产动物时，养殖者应能提供准确、真实的用药记录，确保水产动物及其产品在休药期内不被用于食品消费。

七、温棚养殖

256. 何谓温棚养殖?

南美白对虾为暖水性的对虾养殖品种,在自然水温不能适合其生长的情况下,通过搭盖保温棚来提高水温实现养殖的模式。由于对地域、资金、管理都有一定要求,因此,温棚养殖的生产成本较高,但因为季节反差,养出的对虾价格高,获得的效益好。越冬棚对虾养殖方法,有效利用了对虾养殖池在冬天养殖池闲置期,实现在南方冬天室外的对虾养殖,保证养殖淡季也有鲜活对虾上市,提高养殖的生产效益和市场效益;该越冬棚对虾养殖池的搭建较简易,可以根据当地材料源来选择搭建材料,越冬棚上覆盖的塑料薄膜以及大网目网衣,可以保证越冬棚能抗风、不漏雨。包括以下步骤:

(1)搭建越冬棚养殖池。

(2)海水经处理后排入养殖池,并培养养殖水的水色后,投入虾苗进行养殖。

(3)养殖期间:施放有益微生物制剂,降解养殖过程中产生的污染物;在整个养殖期间中,每天不间断地对养殖池底部充入空气,保持溶解氧不低于5毫克/升;养殖期间调节养殖池水温,保持水温在20～35℃。

(4)养殖后期:每天通过设于池底的中央排污口,排出养殖池底部污水,同时补充新鲜水;每隔5天施用沸石粉,吸附和沉降悬浮于养殖水体的颗粒物质,净化养殖水体。

(5)通过开启大棚两侧的小门和打开塑料薄膜,来调节养殖池水温(图13)。

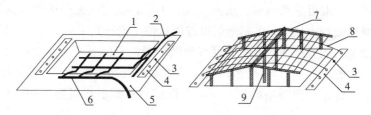

图 13　对虾养殖池越冬棚的结构示意图

1. 养殖池　2. 送氧管路　3. 钢丝绳接头　4. 钢丝护蹲　5. 排污管
6. 中央排污管路　7. 支架木桩　8. 钢丝绳网　9. 主木桩

257. 温棚养殖与露天养殖的区别在哪里？管理时在哪些方面要特别注意？

（1）温棚中空气流通性差。

（2）受薄膜的阻挡，温棚中的光线较弱。

（3）温棚养殖过程正处于气候交替和寒冷季节，常有寒流袭击，对虾易产生应激。

（4）由于自然水温低，温棚养殖过程无法换水。

在养殖过程中，注意以下几方面：

（1）常规的机械增氧效果差于露天养殖，因此，可使用微孔曝气进行增氧。

（2）养殖过程中多使用藻类营养素和有益微生物，促进微藻繁殖和保持水质稳定。

（3）寒潮到来前后，伴料投喂具诱食性的免疫增强剂，并在水体中泼洒抗应激的投入品。

258. 如何在对虾养殖池塘上方搭盖温棚？

（1）搭盖温棚的材料选择　搭棚的主要构件包括支架、支撑网、池边固定桩、薄膜和固定网等，"坚固稳定"是搭盖温棚的第一原则。支架和钢缆的承载力，应根据常年以来当地的风力大小规律而定，支架应能承受至少 200～300 千克的重量。就搭建温棚支架的构件材质而言，一般可选用杉木、水泥杆或竹木等；支撑网架的构建有钢丝、尼龙绳或竹木片等；塑料薄膜可选用具备一定透光性的薄膜，气温相对较低的地区选择的薄膜厚度可略微增加，有的厚度为 0.4～0.5 毫米，有的为 0.7～0.8 毫米；根据具体需求选择搭盖覆盖网格，网格用材可选择不同规格的尼龙网，或以细竹片编捆或以钢丝间隔铰接而成。

（2）搭盖温棚的程序　搭盖温棚时先以直径为 5.0～10 厘米的杉树圆木，按间距 1.2～1.5 米的间距架设桩柱。再以直径 2.5～4.0 毫米、抗拉强度大于 1 500 兆帕、破断拉力大于 5 000 牛顿的钢丝搭建支撑网格，钢丝间距 0.5 米左右。在支撑网格上平铺塑料膜，然后于薄膜上面设置固定网格，网格钢丝间距 1 米左右，朝支撑网格的垂直方向拉压钢丝，令薄膜保持平展。将钢丝紧固在池塘周围的固定桩上，最后用绑扎铁丝把位于薄膜上下层的支撑网格和固定网格捆接固定。有的地区会选择使用竹木片搭建支撑网格，利用厚度适宜的竹木片弯拉成弧形进行固定，然后再铺盖薄膜固定。使用竹木片的支撑网格，在降雨时薄膜不易积水，防风能力也较强，但它的温棚造价要远高于钢丝网格的。采用竹木片搭盖温棚，在对虾起捕收获时，不适宜采用捕虾网大批量捕捞，而是采用网笼诱捕的方法进行收捕。

（3）搭盖温棚的防积水措施　为避免雨水积聚于棚体之上增加棚体负荷而诱发安全问题，应将薄膜面搭设形成一定的倾斜度，且保持表面平顺，以利于雨水顺势排流不形成积水凹陷。此外，还需在棚架边缘衔接部位的薄膜上扎若干小孔便于积水排漏，降水量较大的地区还可选择在池边固定桩外侧挖设导流沟，沟渠不必太宽太深，以便于迅速将棚顶排流下来的降水排出，以免积水回流池塘影响水质。

259. 温棚养殖水体分层怎么办？

池水分层，即上层有一定水色，底层混浊，此情况多见于越冬棚内。温差大，水质较清，水中菌相、藻相不稳定和增氧机使用及搭配不当，是该现象产生的主要原因。如出现以上情况，建议增氧机应采取排水式和涡轮式搭配，或排水式和底管搭配安装，且同时开动，以达到全塘水都流动为好，并可以在晴天中午选择追加一定数量的有益微生物制剂和藻类营养素，傍晚时分使用增氧型环境调节剂。如果因为雨水造成分层，需要排出上层水。

260. 国内哪些区域可以进行对虾温棚养殖？进行对虾温棚养殖的主要区域有哪些？

目前，进行温棚养殖的品种主要是南美白对虾，其生理特性要求水温尽量保持在18℃以上，最低水温也要达到13℃。要使温棚内水温达到这个要求，相应的室外自然环境冬季极端低温要求应大于5℃，在内地，福建以南地区才能满足此条件。因此，内地在福建、广东、广西和海南的沿海地区可进行对虾温棚养殖。

目前，温棚养殖的主要区域有广东的珠三角、粤东地区和福建的福州、闽南地区。

261. 能否先放苗后盖棚？

可以，但盖棚后养殖水体环境会发生较大的变化，所以在盖棚前后，应做好以下几个方面的管理：

(1) 保持水质的稳定 温棚盖上后，池塘水温会升高，水质容易发生变化，在温棚搭盖前后向水体中泼洒光合细菌和芽孢杆菌制剂。

(2) 提高对虾的抗应激能力 环境改变会使对虾发生应激，在盖棚前几天开始伴料投喂维生素C、免疫蛋白和多糖等免疫增强剂，盖棚后及时泼洒抗应激的调控剂。

(3) 盖棚过程要缓慢拉盖薄膜 盖棚的其他环节可以正常进行，如果有可能的话，慢慢将薄膜盖上，使水质和对虾能有缓慢适应的过程。

262. 温棚何时可以搭盖？

搭盖温棚的时间，一般根据各地的气候特点。如果是采取先放苗后盖棚的方式，一般在冷空气到来之前搭盖；如果是先盖棚后放苗的方式，则可以随便选择时间。但如果在气温很低时才搭盖温棚，则水温会长时间较低，对虾生长速度较慢。

263. 温棚何时可以拆除？拆除时该注意什么？

当水温能稳定在 22~24℃时，即可将温棚拆除。跟搭盖时一样，拆除时也应保持水质稳定和提高对虾抗应激能力。此外，注意不要立即拆除。具体措施如下：

(1) 保持水质的稳定 温棚拆除后池塘水温会降低，水质容易发生变化，在温棚拆除前后向水体中泼洒光合细菌和芽孢杆菌制剂。

(2) 提高对虾的抗应激能力 环境改变会使对虾发生应激，在拆棚前几天开始伴料投喂维生素 C、免疫蛋白、多糖等免疫增强剂，拆棚后及时泼洒抗应激的调控剂。

(3) 拆棚过程要缓慢拉开薄膜 可以先部分或先掀开底棚，如果气温出现变化也可以再将薄膜盖上，使水质和对虾能有缓慢适应的过程。

264. 温棚养殖中水质调控方法是什么？

温棚养殖过程，要经常开动增氧机和使用微生物制剂调节养殖水体；在水温低时，对虾摄食量较少，投饲量也要相应减少；在阳光照射的日子，要注意越冬棚的通风透气，防止棚内高温水质变坏或缺氧造成死虾。这种情况在入冬前期或过早加盖塑料薄膜容易发生，而有可能冻死对虾的天气多发生在 1~2 月，此时地热散失殆尽和雨水较多，但只要保持温棚完好，一般不会发生冻死对虾的事故。

每半个月施放 1 次芽孢杆菌制剂降解氨氮，防止水质变差，期间慎用消毒药物，防止杀灭藻类，破坏水相的稳定。

温棚养虾过程中经常会出现"水色发暗"或"混浊"等现象，这是"藻类老化"的表现。原因是水中某些藻类生长必需微量元素已经缺乏。以往出现此现象时，常采取换水方法。现在，冬棚养虾不主张换水，主要原因是虾塘内外的水质相差太大，换水时产生应激反应，对虾不利。因而在这种情况下，应及时施用芽孢杆菌、光合细菌和乳酸杆菌等，尽快去除水中过多的悬浮有机物，增加池塘中有益微生物的菌群。通过有益异养细菌的作用，分解、吸收水中过多的有机物，降低氨氮、亚硝酸盐等的毒性。养殖过程中正常使用有益微生物制剂，每 10 天用 1 次，可减少这种现象发生。

265. 南美白对虾小面积土池搭棚养殖方式有哪些特点？

近年来，江苏如东及周边的华东地区多采用小型土池加盖温棚方式进行南美白对虾的养殖，取得了良好的效果。通常养殖池的面积为 300～500 米^2，长度为 30～60 米、宽度 10～12 米，水体深度 0.6～1.2 米，池塘中间架设长度 30～50 米、宽度 30～40 厘米的走道，池塘底质为泥土或沙泥。根据放养对虾数量，配置一定量的机械式和充气式增氧设施，确保池塘水体溶解氧的充分供给。在池塘上方搭盖高度 1.8 米左右的小型温棚，气温低于 20℃时加盖塑料膜；有的也可根据需要，配置一定的增温设施。

通常一年养殖两茬。其中，第一茬于 2～3 月放养优质的南美白对虾一代虾苗或者"家系选育苗"，放苗密度为每平方米 100～130 尾，养殖到 6 月中下旬或 7 月中上旬，对虾规格达到每千克 100～120 尾的商品规格时收捕出售；第二茬于 7 月下旬到 8 月中上旬放养虾苗，放苗密度为每平方米 120～140 尾，养殖 4 个多月时间，到年底大降温之前对虾规格达到每千克 60～100 尾的商品规格时收捕出售。在设施完备、水温适宜、虾苗供应充足的条件下，可根据实际情况调整虾苗放养和养成的时间，避免商品对虾的收捕与销售过于集中，影响销售价格和养殖经济效益。养殖全程使用南美白对虾人工配合饲料，养殖初期每天投喂 1～2 餐，养殖中、后期为 2～3 餐，以适量投喂无残留为原则，天气和水质不佳的情况下适量减少饲料投喂。为强化虾只的抗病力，养殖中、后期可不定期拌料投喂有益菌、维生素、中草药和免疫多糖等。养殖过程中依靠有益菌制剂、微藻营养素和理化型水质底质改良剂等调节池塘水体生态环境，以保证良好的水质状况。低温季节尽可能减少以换水的方式调节水质，避免池塘内外过大的水温差异引起水体环境剧烈变动，造成养殖对虾应激或诱发其他病害。在无灾害和养殖病害影响的正常条件下，一个近 500 米² 的土池小棚养殖南美白对虾的年利润，可达到 6 800 元～9 000 元。

总体而言，南美白对虾土池小棚养殖方式的主要优点有以下几个方面：一是更易实现精细化管理。与华南地区普通温棚养殖方式相比较而言，由于单个池塘面积较小，在水质调控、饲料投喂、病害生态防控等方面更容易做到精细化管理，养殖水体环境控制的效率也相对更高。而通过搭盖小棚，可达到降低外界恶劣天气对南美白对虾养殖不良影响的效果。二是反季节养殖优势显著。由于该养殖方式有相当一段的养殖时间处于温度降低的季节，某些病原生物的生长繁殖受到抑制，也规避了连续阴雨和天气剧烈变化等不利因素的影响，因此，养殖期间病害的发生率相对较低；而且在低温季节时期大面积池塘的对虾养殖生产多已停止，商品虾的售价相对较高，在此期间顺利开展反季节对虾养殖，可获得较高的经济效益。

266. 南美白对虾小面积地膜池搭棚养殖方式有哪些特点？

南美白对虾地膜池小棚养殖方式，是由传统的高位池温棚养殖方式发展改进而成的一种精细化养殖方式。目前，在广东的东部和福建地区已有不少养殖者采用该种方式进行南美白对虾的养殖生产，取得了良好的效果。

该种方式的养殖池大多建造在沿海地区，采用砂滤海水进行养殖。池塘形状以圆角正方形最为常见，面积为 400～700 米²，池深2.5～3.5 米，池底和池壁覆盖土工膜，池底中间设中央排污管，具备独立的进排水系统。养殖池上方架设小型温棚，气温低于 20℃ 时加盖塑料膜。根据放养对虾数量，配置一定量的水车式增氧机、射流式增氧机和充气式增氧设施，实行立体式增氧管理，确保池塘水体溶解氧保持 4 毫克/升以上，同时，促使水体保持一定的流动状态。

通常一年养殖两茬。其中，第一茬在春节后至农历 2 月投苗，放养优质的南美白对虾一代虾苗或者"家系选育苗"，放养虾苗的规格为全长 1 厘米左右，放苗密度为每 500~600 尾/米^2，养殖 20~30 天后，根据对虾规格进行分池养殖，养到农历 5 月中下旬至 6 月中上旬，对虾规格达到 60~100 尾/千克的商品规格时收捕出售。第二茬放苗时间集中在农历 7 月中旬至 8 月中上旬，放苗密度为 450~600 尾/米^2，养殖 20~30 天后进行分池养殖，待对虾达到 100~120 尾/千克的商品规格时，采用笼网或拉网方式收捕一部分出售，然后将留存的部分对虾养殖到春节前后至翌年正月，虾只达到 40~60 尾/千克的商品规格时再收捕出售。在水温适宜、虾苗供应充足的条件下，可根据实际情况调整虾苗放养和养成的时间。放苗前最好对虾苗进行常见病原的检测，确认虾苗不携带以下特定病原时再进行放养，可在一定程度上保证养殖生产的成功率。虾苗检测的病原可包括白斑综合征病毒（WSSV）、传染性皮下及造血组织坏死病毒（IHHNV）、桃拉综合征病毒（TSV）、对虾偷死野田村病毒（CMNV）、弧菌、高致病性副溶血弧菌（VP/AHPND）、对虾肝肠孢虫（EHP）等。此外，还可根据商品虾的售价情况，及时调整收获时间和数量，通过分批收获的方式有利于规避养殖风险，实现较优的养殖生产效益。

养殖全程使用南美白对虾人工配合饲料，通常每天投喂 3~4 餐，以适量投喂无残余为原则，可根据天气、水温、存池对虾数量及其生长和摄食情况，适度调节饲料投喂量。在养殖中期之后，可不定期拌料投喂有益菌、维生素、中草药和免疫多糖等强化对虾的消化和抗病机能。养殖过程中，利用水环境调控剂和有限量水交换方式稳定调控水质。养殖全程定期施用芽孢杆菌、乳酸杆菌和光合细菌等有益菌制剂，不定期使用微藻营养素和沉淀剂、有机碳源、过氧化钙、有机酸解毒剂、钙镁制剂等理化型水质底质改良剂等，调节池塘水体生态环境，以保证良好的水质状况；养殖中、后期，根据水质情况在饲料投喂前 20 分钟和对虾摄食后 90 分钟左右，通过中央排污管排出少量沉积物，并根据水源水质情况及时补充水体。在低温季节，则应尽可能减少以换水的方式调节水质，避免池塘内外过大的水温差异引起水体环境剧烈变动，造成养殖对虾应激或诱发病害发生。使用有益菌制剂时，最好经简易发酵活化后再行使用，可有效增强菌剂的生态功能。在无灾害和养殖病害影响的正常条件下，一般南美白对虾养殖的单产可达到 2 000～3 000 千克/亩，高产池塘可达到 4 000～5 000 千克/亩以上，每亩的养殖利润可达 3 万元以上。

　　该养殖方式与土池小棚养殖方式相比，还有以下几个方面值得关注：①由于养殖水源多经砂滤和消毒处理，水体微藻种类和数量相对较少，加之低温因素的影响，微藻藻相前期难以培育，后期难以养护；②由于养殖水体中的对虾生物量相对较高，饲料投喂也较大，中、后期水质富营养化明显，如果菌藻环境得不到良好控制，极易造成水质恶化，诱发对虾发生各种病害，造成严重的损失；③由于养殖水体容积较小，又以土工膜覆盖池壁和池底，而且单位水体生物量较高，养殖池塘水体生态环境的缓冲能力更为脆弱，必须通过设施化和精细化的及时管理，因地因时地实施各种生产操作细则和应急管理措施，才能有效规避相关养殖风险，保证养殖成功率和取得良好的经济和社会生态效益。

八、日常管理

267. 养殖过程中为什么要做记录？通常记录包括哪些内容？

养殖过程的有关内容需进行记录，并整理成养殖日志，以便日后总结养殖经验，实施"反馈式"管理，不断提高养殖技术水平。

养殖日志记录的内容如表2。

表2 对虾养殖日志

日期	年 月 日			养殖天数			
天气		气温	清晨		水温	清晨	
			下午			下午	
潮位		风向/风力					
投料（单位：千克）					投入品使用	内服药品使用	
时间	型号	数量	饲料台观察情况				
本日合计投喂量		当日投料量/总投料量（%）					
饲料合计投喂量		饲料生产厂家					

（续）

巡　塘　观　察				
蜕壳		水色		体表
游塘		泡沫		鳃部
活力		水皮		肝胰脏
爬边		水发光		肠胃
耗底		其他		粪便
增氧、水、电				
氧机总功率		排水量		排水时间
开机合时		进水量		进水时间
总水位		排水速度		排、进水方式
有无渗漏		进水速度		
理　化　因　子				
溶解氧		氨氮		
pH		亚硝酸盐		
透明度		硫化氢		
盐度		其他		
备注				

268. 为什么要进行巡塘观察？

日常巡塘观察，是虾池日常管理的重要内容之一。全面把握养殖水体及对虾生长现状的重要手段，是决定各项技术措施的重要信息依据，也是反映以往技术手段效果的综合评价。做到防微杜渐，消除隐患，推进养殖生产的顺利开展。

269. 巡塘观测有哪些指标？

养虾技术人员每天早、中、晚三次巡塘，对以下指标进行观测，并记入养殖记录本，施用投入品和饲料、进排水和对虾的活动情况等，以便不断总结经验和教训。

（1）每天早、晚测定气温、水温、盐度、pH、水色、透明度等，以及每周测定 DO、氨氮、亚硝酸盐、硫化氢等水质情况。

（2）观察中央排污口是否漏水。

（3）观察对虾活动分布情况。

（4）掌握对虾生长及摄食情况，每个养殖池投放 2～3 个饲料观测网，在投料 1～1.5 小时后，观察对虾的肠胃饱满及所剩饲料情况。

（5）定期测定对虾的体长和体重，养殖中、后期，定期抛网估测池内存虾数及生长情况，以便于即时调整不同型号的对虾饲料。

（6）定期取样，检测浮游生物的种类与数量，并采取有效措施，稳定养殖水体中的有益藻相，防止有害浮游生物的生长。

（7）敌害生物的防除。蟹类一般大型蟹用蟹笼诱捕，小型蟹可用灌石灰于蟹洞中或向蟹洞中投入乙炔块，将蟹杀死。鸟类和老鼠的危害，目前只能以防为主，特别是对一些禽类，可加大池塘水位，增大池壁陡度，使这些禽类无法涉水活动。对于一般吃鱼鸟，则可在池塘边缘插上一些树枝或象形物，吓跑鸟类。而积极的办法是派专人看管。

270. 如何进行对虾的生长情况测定？

养殖过程不定期对养殖对虾生长情况进行测定，养殖前期（25天前），主要是通过查看料网上对虾生长情况，初步估算对虾生长情况；养殖中后期（25天以后），是通过手抛网进行生物学测量，随机抛网，随机抽样测定 50～100 尾对虾，分析其养殖规格分布情况，进而为调整投料提供基础。

271. 池水溶解氧有哪些来源？

（1）浮游微藻产生 浮游微藻在光合作用时可以吸收二氧化碳，施放氧气，在池塘养殖系统中，浮游微藻产生的氧气是池水溶解氧的主要来源。

（2）机械增氧 通过安装、开启增氧机，加强空气与水体混合，以达到增加池水溶解氧的效果。

（3）化学增氧 在特殊的情况下（"倒藻"、缺氧浮头、增氧机无法使用等），向池水中泼洒增氧剂（如过碳酸钠、双氧水），使池水中的溶解氧满足对虾生存的需要。

272. 适合对虾养殖使用的增氧设施有哪些种类？各有什么特点？

（1）涡轮式 通过漩涡式搅动使池水上升，而使表层水和底层水发生对流。优点：对增氧机正下方水体搅动较大，适合水位高（＞1.5米）的池塘。缺点：对水体的整体搅动不大，无法使水体形成环流；水位低（＜1.5米）的池塘使用会搅动底泥，容易造成池水混浊。

（2）水车式 搅动水体表层的水，形成"水花"，增加与空气的接触。优点：对水体搅动较大，按一定的位置摆放，能使水体形成水流，便于对虾逆水游动、分散投放的调控剂和药物、利于排污。缺点：增氧深度不足，不适合水位高的池塘。

（3）射流式 通过碰出水流时的吸力，将空气与水流混合，使溶氧随着水流的方向扩散。优点：增氧效果好，能使水体形成水流，适合高密度精养池使用。缺点：耗电多，对水体搅动较大，安装密度大了会使对虾不安。

（4）管道式 在池塘底部安装管道，通过鼓风机将空气喷入池底，来达到立体增氧的效果。优点：耗电少，立体增氧效果好，适合于苗种培育、高密度养殖和温棚养殖。缺点：对水体搅动不大，不会使水体形成水流。

273. 如何选择与配置增氧设施？

开动增氧设施，不但可提供对虾所需要的氧气，更重要的是促进池内有机物的氧化分解，促使池水的水平流动及上下对流，增加底层溶解氧，减少底层硫化氢、氨氮等有害物质的积累，改善对虾栖息生态条件，增加对虾体质促进生长，提高产量。

在对虾养殖中最为实用的是四叶轮水车式增氧机，它以搅动表层水产生水流，溅起水花，增加水与空气的接触面积达到增氧目的；而且，使池水朝一定方向流动，形成环流，将污物、病死虾等集中于虾池中央以利排污，而不会搅起池底的污物；并可通过中央的病、死虾情况，判断对虾健康状况。高密度养殖一般要求1亩虾池装设1台0.75～1.5千瓦/台的水车式增氧机；同时，配合使用射流式增氧机和底部充气增氧管道效果更好。

274. 如何使用增氧设施？

养殖期间必须结合当时的具体情况，合理使用增氧机。它同密度、气候、水温、池塘条件、投饵施肥量、增氧机的功率等有关，当高温闷热、暴雨以及下半夜等应多开，为避免影响对虾摄食，投料时一般停止开动增氧机（表3）。

表3　高位池不同养殖时间段增氧机开启情况

养殖时间	上午	中午	下午	上半夜	下半夜	投料后	说　　明
30天	1	2	1	1	1	0	
30～50天	2	2	1	2	2	0	表中数字为增氧机开动台数
50～70天	3	2	2	2	3	1	
70天至收获	4	3	3	4	4	2	

注：池塘面积4亩；放苗密度为10万尾/亩。

养殖前期（30天以内）池塘负荷低，基本不缺氧，中午阳光较强，为防止池水分层应多开增氧机，其他时间让水流动，保证水活则可；养殖中期（30～50 天）池塘负荷增加，应加开增氧机，下午浮游微藻光合作用强，池水溶氧高可少开；养殖中后期（50～70 天）池塘负荷再度增加，则要注意下半夜缺氧，投料时或投料后也必须保留 1 台开启；养殖后期（70 天至收获）池塘负荷高、水质差，增氧机基本全部开启，但在中午和下午浮游微藻光合作用强烈时，可适当少开 1 台增氧机以节约能源；同时，在凌晨适时使用化学增氧剂来应急增氧。

275. 为何夏季高温天气易出现对虾缺氧浮头的情况？

原因主要有：

（1）有机物的分解速度随着气温的升高而加快，而有机物在分解过程中，又会消耗水体中的氧气。

（2）气温越高，氧气在水体中的溶解度越小，含氧量就相应减少。因此，在夏季高温天气出现时，如果水体有机物偏多、水质差时，极易出现对虾缺氧浮头的情况。

276. 为什么有些时候对虾缺氧浮头后开启增氧机仍不能缓解？

开启增氧机可以搅动水体，使空气和水体接触增加。但在高温低气压状态下，氧气养殖水体中的溶解度低，从空气中溶入的氧气少，而养殖水体缺氧严重，所以缺氧状况不能缓解。可以通过施放化学增氧剂来增氧，再排掉底部污水，引进部分新鲜水，施放光合细菌和乳酸菌等不耗氧的有益菌，改善池塘环境质量。

277. 对虾缺氧浮头后有何后果？

对虾缺氧浮头是养殖过程中较严重的问题，发生后会影响对虾的健康度和生长速度，养殖户通俗的说法是"浮一次头等于白喂 3 天饲料"。其原因主要有以下两点：①对虾缺氧后，摄食量减少，降低生长速度；②氧气不足，使虾体血液中含氧量减少，消化酶活力大减，对饲料中高蛋白、脂肪能量利用率降低，所吸收的营养大部分用于应付氧气不足的生理需要。

278. 风向转变对对虾养殖有什么影响？应如何防范？

风向的转变，意味着气温、气压等气象因子的变化，对底质环境、对虾生长、浮游微藻的繁殖都有一定程度的影响。

（1）转东风 气压会突然偏低，易导致泛底和浮游微藻大量死亡，亚硝酸盐、氨氮的含量也会随之上升。防范和处理措施，主要以改善池底环境和保持浮游微藻稳定生长为主。

（2）转南风 一般是高温来临的先兆，水温升高，会使浮游微藻过度繁殖，也会促使有机物分解速度加快，水质转浓，溶氧量下降。防范和处理的重点是，保持水体清爽和提高水体溶解氧含量。

（3）转北风 寒流袭击，水温会因冷风来临而下降，此时，对虾会受应激而降低摄食量，浮游微藻也容易出现大量死亡。防范和处理的措施为，在转北风前追肥保藻，水温下降初期泼洒抗应激调节剂，并在饲料中添加诱食性添加剂。

279. 哪些原因会导致养殖前期对虾生长缓慢？

（1）苗种问题 高温培育、过多使用药物，近亲繁育的苗种。

（2）运输问题 运输时间过长，苗袋中溶氧量过低，影响了虾苗的体质。

（3）营养不良 养殖池塘水质清瘦，缺少浮游微藻和浮游动物等基础饵料。

（4）水质问题 养殖水体含重金属等有毒物或蓝藻、甲藻等有害藻类占优势。

（5）天气问题 天气不佳，连续阴雨。

（6）感染病毒 对虾感染传染性皮下及造血组织坏死病毒。

280. 哪些原因会导致对虾养殖饲料系数过高？

在对虾养殖过程中，一般使用全价配合饲料，导致饲料系数偏高的原因有以下几种：

（1）饲料耐水性差。对虾的摄食方式是抱食，一般摄食大小适口、适宜抱食的饲料。耐水性差的饲料，撒入水中还未待虾吃完便溶于水中，浪费饲料而且污染环境。

（2）饲料软化性差。

（3）饲料投喂方法不当，造成投喂饲料出现浪费。

（4）对虾出现"偷死"的现象，成活率不高。

281. 有何方法可降低对虾养殖的饲料系数？

（1）在养殖前期，培养优良浮游微藻，形成微藻→浮游动物→对虾和微藻→对虾的食物链，增加饵料生物。

（2）选择优质对虾配合饲料。

（3）养殖过程定期使用芽孢杆菌等有益菌和碳源，强化有益菌生态优势，降解残饵、对虾排泄物等代谢产物，生成生物絮团，供对虾摄食。

（4）养殖中、后期，营造良好的底质、水质环境，避免对虾发生"偷死"的问题。

282. 对虾收获前提高水体盐度是否合理？

对淡化养殖来说，此种做法是合理的。到对虾收获前半个月，慢慢调高虾塘水的盐度，可使虾壳坚硬，肌肉结实，活力更强，使之成为活体运输成活率高、可卖出好价钱的商品虾。

283. 对虾养殖如何防范寒冻？

（1）加深水位。深水位有助于池水保温。

（2）搭盖保温棚。在池塘上搭建保温棚，并覆上薄膜，可以有效提高池塘水温。

（3）搭建防风墙，阻隔寒风直接吹入池水。

（4）使用有益菌制剂以及其他调节剂，改善池底环境，利于对虾潜底栖息。

284. 为什么使用有益菌制剂有利于养殖对虾防范寒冻?

气温下降后引起水温缓慢的下降，池塘底部的水温相对较高，对虾潜底栖息是御寒的有效措施。但一些池塘，由于底部环境不良，含有氨氮、硫化氢等有害物质，迫使对虾在水体中上层悬浮。因此，使用有益菌制剂改良底质，使对虾顺利潜底，从而间接地起到使对虾御寒的目的。

285. 养殖过程中有哪些操作会导致对虾出现大量死亡?

以下操作会导致对虾大量死亡：

（1）氨氮含量偏高时，使用石灰。

（2）亚硝酸盐含量过高时，大量换水。

（3）天气闷热时，使用好氧微生物制剂。

（4）对虾蜕壳期间，使用刺激性强的药物。

286. 高位池对虾养殖中如何进行换水?

在放苗前先进水 1.5 米。在养成期间，可以视水质状况适当添换水。前期（对虾体长不到 6 厘米）不换水只添水；中期（对虾体长在 6.0～8.5 厘米）每隔 2 天添换 20 厘米左右深的池水；后期（对虾体长大于 8.5 厘米）每天添换 15 厘米左右深的池水。

287. 高位池对虾养殖中如何进行排污?

在养殖池采用锅底形结构，在池中央底部，通过埋在池底的

PVC 管子进行底部排污。通过能在增氧机作用下，底部排污系统能将虾池污染物起到很好的集污、排污作用。尤其是高密度养殖南美白对虾的中、后期，必然会产生大量的残饵、排泄物、藻类碎片及其他生物尸体等污物，如不及时排出，必然滋生大量病原体，引发对虾暴发虾病。

在养殖池塘中央底部设置有中央排污管。中央排污管为 PVC 管，各中央排污管呈米字形，相邻排污管呈 $30°\sim60°$。根据养殖池塘面积，设置 $6\sim12$ 根，中央排污管将池底污物汇集于大的排污井内，排污井与池底位置外接 PVC 管，排污通过池外排污控制管进行调节。中央排污管上具直径小于 1 厘米的圆孔，污染物通过圆孔进入排污管。中央排污的大小，与池塘面积和中央排污管的数量有关。

排污时间：在养殖前期（25 天前），一般不排污；在养殖中期（25~45 天），通过早晨投完料后，停开增氧机半小时后，开启排污管，将沉积于底部的污染物排出虾池；在养殖后期（45 天以后），通过早晨、傍晚投完料后，停开增氧机半小时后，开启排污管，将沉积于底部的污染物排出虾池。开启排污管的时间，一般控制在排出的水体与表层水水色大致相同就停止排污。

288. 高位池对虾养殖中如何进行吸污？

在小型高密度水产养殖中，由养殖代谢产物及沉积物的大量产生及水质的快速恶化，影响对虾的正常生长。虽然目前大多养殖池塘具排污装置，但排污多为中央固定式排污管，排污效果不理想，大部分仍沉积于距中央排污管 $3\sim10$ 米的池底，对养殖水体造成极大的污染，进而影响对虾的生长率和成活率，大大影响养殖生产的效益。排污装置见图 14。

同时，在池外排污控制管排完污后，将移动吸污管装满水后，运用虹吸原理，通过移动吸污底盘，将池底周围未能排出的污染物吸入移动吸污管。移动吸污底盘具 2 厘米×16 厘米的缝，通过缝将污染物吸入移动吸污管。

吸污时间：在养殖前期（25 天前），一般不吸污；在养殖中期

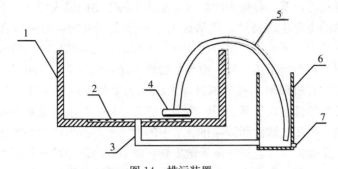

图14　排污装置

1. 养殖池　2. 中央排污管　3. 底部排污管
4. 移动吸污底盘　5. 移动吸污管　6. 排污井　7. 排污管

（25～45天），通过早晨排完污后，停止排污管开启后，开启吸污管，将池底周围未能排出的污染物吸入移动吸污管，通过缝将污染物吸入移动吸污管；在养殖后期（45天以后），通过早晨、中午排完污后，停止排污管开启后，开启吸污管，将池底周围未能排出的污染物吸入移动吸污管，通过缝将污染物吸入移动吸污管。开启吸污管的时间，一般控制在吸污管吸出的水体与表层水水色大致相同就停止吸污。

289. 为何要进行养殖排放水的净化处理？

　　目前，国内绝大多数养殖池塘不论是养殖过程还是养殖结束后的水体大多未经处理就直接排放到周边环境，长期如此，容易使得近海或江河水域的营养物质负载不断增大，甚至远超出环境水域的生态自净能力，致使养殖水源水质严重下降，缩短养殖场和养殖区域的使用年限，同时也使得养殖风险大幅提高。所以，为促进对虾养殖的可持续发展，有必要对养殖排放水进行生态净化处理后再进行排放，既有利于对虾养殖与良好生态环境的和谐共存，还有利于提升养殖区的环境自净功能，提高养殖场地的生产性能。

290. 可用于养殖排放水净化的生物种类有哪些？

　　对虾养殖排放水中的主要污染源为COD、无机氮、无机磷和颗粒悬浮物等。基于养殖生产实际、水体中污染物的组成特点、不同种类生物的生理生态特性，可筛选出于不同生态位的生物进行合理组配，形成生态链式的生物净化系统，可有效实现养殖排放水的净化效果。罗非鱼、篮子鱼、鲢、鳙等杂食性和滤食性鱼类，可用于去除排放水中的有机碎屑、残余饲料等大颗粒污染物及浮游生物。翡翠贻贝、牡蛎等滤食性贝类的耐污性强、滤食量好、环境适应能力强、滤水率高，可用于滤食和清除排放水中的中小型浮游生物和小颗粒有机碎屑。芽孢杆菌、乳酸杆菌等微生物，能有效降解和转化利用大分子有机物。江蓠、海马齿、空心菜等水生植物，可以大量吸收排放水中富含的氮、磷营养。各生物种类的选择和组合应用，应根据具体的盐度、温度、地理分布等特点进行合理选择与布局。

291. 如何利用排水渠建立简易型的生态链装置，实现排放水净化？

以沿海高位池养殖排放水处理为例，可在排放水沟渠放置一定量的鱼类、贝类、水生植物，并结合施用有益菌制剂，从而实现养殖排放水的生态净化。具体操作如下所示：

（1）排水生态净化沟的设置　可在养殖区外设置 1 条长约 1 000 米、宽 5～10 米、深 1.0～1.5 米的尾水排放沟渠。并在沟渠两端设立闸口，一端与养殖区的尾水排放管道衔接，另一端为沟渠排水口。尾水进入沟渠后将两端闸口封闭，使水体中的大型颗粒物得以静置沉淀，澄清水质。

（2）净化生物的布局　依照鱼区→贝区→有益菌区→水生植物区的流程，在沟渠中放养规格不小于 50 克/尾的尼罗罗非鱼或篮子鱼，每立方米水体的放养量为 500 克；以横挂网笼方式，吊养壳高为 6.5～9.0 厘米的贻贝；按 3∶1∶1 的数量比例，在沟渠水体中投放枯草芽孢杆菌、沼泽红假单胞菌和乳酸杆菌；再于排水沟的中后段设置漂浮网笼，网笼内养殖江蓠或孔石莼，每立方米水体的放养生物量为 1～3 千克。

（3）排放水净化效果　养殖排放水在生态沟渠的处理时间为 1～

3天，其中，水体中无机磷的去除率可达到75％以上，化学耗氧量（COD）的去除率平均达到10％以上，总磷的平均去除率60％以上，凯氏氮的平均去除率达到50％以上。可见，在南美白对虾的养殖排放水沟渠通过建立简易的生态链生物装置，可有效净化养殖排放水水质。

九、收　获

292. 怎样把握养殖对虾收获的时机？

对虾收获的时机，主要从以下几个方面来确定：

（1）**规格**　目前，活鲜市场销售的对虾规格无严格限制，从50～120尾/千克的规格在市场上都很常见，同一时间段规格大的对虾价位高；而收购作为冻虾销售的要求对虾规格大一些，一般规格在60尾/千克左右比较常见。

（2）**价位**　对虾的价格随各地的养殖情况、市场情况的变化而变化。因此，可通过饲料厂家和投入品厂家了解当地的养殖情况，向对虾收购商或相关网站和媒体了解市场信息，及时掌握虾价的动态。

（3）**健康状况**　对虾健康状况好、水质环境优良，则可等待收获时机；如果对虾健康状况无法保证，则应提早收获，避免出现因大量死虾而导致经济损失。

293. 捕获养殖对虾的方式有哪些？

（1）**陷网、地笼收虾**　这是利用对虾夜间喜沿池边游泳和不能急转弯习性设计的收虾方法。沿着池边设置陷网或地笼，虾进去后就无法再跑出来，又称之为迷魂阵或迷魂网。一般半夜下网，清晨起捕，随捕随卖。适宜于鲜活上市，但每次起捕量小，捕净率低。

（2）**排水收虾**　这种方法是利用对虾逆弱流、顺强流的习性。此种方法效果较好，节省劳力，适合于大规模收获。

（3）**拉网收虾**　这种方法适用于没有排水闸的养殖池塘。此法需要劳力较多，但相对陷网收虾，时间较短，捕获量大。由于拖网容易翻动池底，使池塘水质变坏，因此，收虾过程中必须尽量缩短捕净时间。捕获时若不能一次捕净，每次拖网后必须及时处理水质，避免池底脏物泛起，影响池中对虾的生存。

294. 拉网捕虾前后，要注意哪些问题？

拉网捕虾前后，应注意以下问题：

（1）拉网容易对对虾造成刺激，为了防治应激，提高对虾成活率，可在捕虾前两天使用补碳、补钙调节剂和泼洒型维生素C，隔天可再使用一遍。

（2）避免捕虾时网从塘底刮过，会使池底的有害气体及其他有害物质涌到水体中，对水质造成破坏。如果捕虾后存塘虾数量仍较多，建议捕虾后立即使用沸石粉和增氧剂，隔天再使用有益微生物制剂。

295. 如何制作对虾产品标签？

收获前进行抽样检测，符合标准，并制作产品标签（表4），并记录每个池的收虾量，登记至养殖记录本。

表4 产品标签

养 殖 单 位	
地　　址	
养殖证编号	（　）养证［　］第　号
无公害产品编号	
产品种类	
产品规格	
出池日期	

296. 对虾收获后如何进行活虾运输？

南美白对虾具有较强的生命力，虾离水后，依靠鳃内剩留水分中的氧气进行呼吸，仍能维持生活较长时间。因此，南美白对虾可以活虾上市。

为了确保运输活虾，采用以下方法：运输前，将虾置于18～20℃的低温水中。养殖池收捕时，水温往往较高（尤其是夏季），因此对虾出池时，应先将包装场地水温降至较低温度，即采取分梯级逐渐降温，一次降温差不宜超过5℃。在降温过程中，池子上面用帆布或黑布覆盖，使光线变暗，以免对虾惊动而损伤和蜕壳。

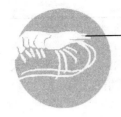

附　录

附录1　无公害食品　对虾养殖技术规范

（NY/T 5059—2001）

1　范围

本标准规定了对虾苗种培育、养成和病害防治技术。

本标准适用于我国主要的养殖对虾。

2　规范性引用文件

下列文件中的条款通过本标准的引用而成为本标准的条款。凡是注日期的引用文件，其随后所有的修改单（不包括勘误的内容）或修订版均不适用于本标准，然而，鼓励根据本标准达成协议的各方研究是否可使用这些文件的最新版本。凡是不注日期的引用文件，其最新版本适用于本标准。

GB 11607　渔业水质标准

GB/T 15101.2　中国对虾养殖　苗种

SC 2002　中国对虾配合饲料

NY 5052　无公害食品　海水养殖用水水质

NY 5071　无公害食品　渔用药物使用准则

NY 5072　无公害食品　渔用配合饲料安全限量

3　苗种培育

3.1　培育用水

水源水质应符合 GB 11607 的要求，培育水质应符合 NY 5052 的要求。用水应经沉淀、过滤等处理后使用。

3.2 培育池

以水泥池为宜，面积 $10m^2 \sim 50m^2$，排灌、控温、增氧、控光设施齐备。春末夏初季节，还可在养虾池中采用网箱培育。

3.3 培育密度

仔虾培育密度以（$10 \sim 20$）$\times 10^4$ 尾$/m^3$ 为宜。

3.4 培育管理

3.4.1 水质

视水质情况更换池水，使溶解氧保持在 5mg/L 以上，保持冲气增氧，及时吸除残饵、污物。

3.4.2 投饲

所用饲料应符合 NY 5072 的要求。饲料大小适口，以微颗粒配合饲料为宜，配合饲料日投喂率为 5％～15％，生物饵料日投喂率为 30％～70％，每日投喂 4 次～8 次。

3.4.3 病害防治

对培养用水进行过滤、消毒处理，药物使用应符合 NY 5071 要求。

3.5 苗种出池

水泥池培育采取虹吸排水，然后开启排水孔排水，集苗出池。中国对虾苗种应符合 GB/T 15101.2 的要求，其他对虾参照 GB/T 15101.2 执行。苗种出池进行检疫，应是无特异性病原（SPF）的健康虾苗。

4 养成

4.1 选址

无污染的泥质或砂质"荒滩"、"盐碱地"及适于养殖的沿海地区均可。

4.2 水环境

海水水源应符合 GB 11607 的要求，养成水质应符合 NY 5052 的要求。养殖取水区潮流应通畅。

4.3 设施

4.3.1 养成池

滩涂大面积养虾池，长方形，面积 1.0ha～7.0ha，池底平整，向排水口略倾斜，比降0.2%左右，做到池底积水可排干。养成池底不漏水，必要时加防渗漏材料。养成池相对两端设进、排水设施。高密度精养方式的养殖池分为泥砂质池塘和水泥池，面积0.1ha～1.0ha，方形或圆形，池水深1.5m～2.5m，池中央设排污孔。

4.3.2　养成池配套设施

4.3.2.1　防浪主堤

在潮间带建虾池，需修建防浪主堤。主堤应有较强的抗风浪能力，一般情况下堤高应在当地历年最高潮位1m以上，堤顶宽度应在6m以上。迎海面坡度宜为1：3～5，内坡度宜为1：2～3。

4.3.2.2　蓄水池

蓄水池应能完全排干，水容量为总养成水体的三分之一以上。

4.3.2.3　废水处理池

采用循环用水方式，养成池的水排出后，应先进入处理池，经过净化处理后，再进入蓄水池。不采用循环用水，养成后的废水，也应经处理池后，方可排放。

4.3.2.4　进、排水梁道

在集中的对虾养成区，需要建设进、排水渠道，协调各养成场、养成池的进、排水，进水口与排水口尽量远离。排水渠的宽度应大于进水渠，排水渠底一定要低于各相应虾池排水闸底30cm以上。

4.3.2.5　增氧设备

对高密度精养和蓄水养殖的养虾方式，应配备增氧设备，土池可用增氧机，水泥池可用充气泵和鼓风机。

4.3.2.6　设置防蟹屏障

在滩涂蟹类比较多的地区，应在养成池堤围置30cm～40cm高而光滑的塑料膜或薄板防蟹隔离墙。

5　苗种放养前的准备工作

5.1　清污整池

收虾之后，应将养成池及蓄水池、沟渠等积水排净，封闸晒池，维修堤坝、闸门，并清除池底的污物杂物，特别要清除杂藻。沉积物较厚的地方，应翻耕曝晒或反复冲洗，促进有机物分解排出。不得直接将池中污泥搅起，直接冲入海中。

5.2　消毒除害

清污整池之后，应清除对虾的敌害生物、致病生物及携带病原的中间宿主。常用生石灰进行清池除害，将池水排至 30 cm～40 cm 后，全池泼洒生石灰，用量为 1 000kg/ha 左右。

5.3　纳水繁殖基础饵料

清污整池消毒结束 1d～2d 后，可开始纳水，培养基础生物饵料。

5.4　肥料使用

肥料使用应遵循下列原则：

a）应平衡施肥，提倡使用优质有机肥。施用肥料结构中，有机肥所占比例不得低于 50％。

b）应控制肥料使用总量，水中硝酸盐含量在 40mg/L 以下。

c）不得使用未经国家或省级农业部门登记的化学或生物肥料，有机肥应经过充分发酵方可使用。

6　放苗

6.1　放苗环境

放苗时，池水深为 60cm～80cm，池水透明度达 40cm 左右。大风、暴雨天不宜放苗。

6.2　苗种规格

南美白对虾苗 0.7cm 以上，中国对虾苗 1cm 以上，斑节对虾苗 1.3 cm～1.5 cm 以上。

6.3　放苗密度

滩涂大面积养虾池，放苗密度以（6～10）×10^4 尾/ha 为宜；高密度精养方式的养殖池，放苗密度以（25～50）×10^4 尾/ha为宜。

6.4　水温

放养中国对虾苗水温应达 14℃ 以上，放养南美白对虾、斑节对虾苗水温应在 22℃ 以上。

6.5　盐度

池水盐度应在 1～32。虾苗培养池、中间培育池和养成池水盐度差应小于 5，池水盐度相差大于 5 时，可通过驯化虾苗使之适应盐度

附录

的变化，通常 24h 内逐渐过渡的盐度差小于 10。

7 养成管理

7.1 水环境控制

7.1.1 进水水质管理

放苗前，向养成池注入清洁或经消毒清野处理的养成用水，在放苗后，养成用水要经过蓄水池沉淀、净化处理。

7.1.2 水量及水交换

养成前期，每日添加水 3cm～5cm，直到水位达 1m 以上，保持水位。养成中后期，根据水质情况，如透明度过低（低于 20cm），或透明度较大（大于 80cm），有害的单细胞藻过量繁殖时，酌情换水，采取缓慢换水的方式，调节水质。

7.2 饲料管理

7.2.1 饲料品质

配合饲料质量和安全卫生应符合 SC 2002 和 NY 5072 的规定。

7.2.2 饲料投喂量

常规配合饲料日投喂率为 3%～5%，鲜杂鱼日投喂率为 7%～10%。实际操作中应根据对虾尾数、平均体重、体长及日摄食率，计算出每日理论投饲量，再根据摄食情况、天气状况，确定当日投喂量。投饲后，继续观察对虾摄食情况，对投饲量进行调整。

7.2.3 配合饲料的投喂方法

放苗后的初期，通常日投喂 4 次，以后随着对虾增长，投饲料量加大，调整每日投喂次数，下午以后的投喂量约占全天投喂量的 60% 左右。养成初期，对虾活动范围小，应全池均匀投喂。随着对虾的生长，可选择对虾经常聚集处投喂。

7.3 测定

每日测量水温、溶解氧、pH、透明度、池水盐度等水质要素。经常检测池内浮游生物种类及数量变化，有条件者可检测氨氮等其他水质要素的变化。每 5d～10d 测量一次对虾生长情况。可测量对虾体长，也可测量体重，每次测量尾数应大于 50 尾。定期估测池内对虾尾数，室外大型养虾池，可用旋网在池内多点打网取样测定。

8 病害防治

8.1 巡池

养虾人员应每日凌晨及傍晚各巡池一次，注意清除养虾池周围的蟹类、鼠类，注意发现病虾及死虾，检查病因、死因，及时捞出病虾、死虾进行处理。观察对虾活动及分布，观察对虾摄食及饲料利用情况。

8.2 切断病原

不得纳入其他死虾池及发病虾池排出的水，不得投喂带有病原的饵料。

8.3 病原生物检测

定期对虾池中的病原生物进行检测。

8.4 药物使用

药物使用应符合 NY 5071 的要求，掌握以下原则：

a) 使用的渔药应"三证"（渔药登记证、渔药生产批准证、执行标准号）齐全。

b) 应使用高效、低毒、低残留药物，建议使用生态制剂。不得使用含有有机磷等剧毒农药清池消毒。

9 养成收获

采取排水收虾的方法，也可使用定置的陷网或专用的电网捕捞。

附录2 无公害食品 海水虾

（NY 5058—2006）

（替代 NY 5058—2001 无公害食品 对虾）

1 范围

本标准规定了无公害海水虾的要求、试验方法、检验规则、标志、包装、运输、贮存。

本标准适用于对虾科（Penaeidae）、长额虾科（Pandalidae）、褐虾科（Crangonidae）、长臂虾科（Palaemonidae）等品种的鲜、活养殖及捕捞海水虾类，其他品种的海水虾也可参照执行本标准。

2　规范性引用文件

下列文件中的条款通过本标准的引用而成为本标准的条款。凡是注日期的引用文件，其随后所有的修改单（不包括勘误的内容）或修订版均不适用于本标准，然而，鼓励根据本标准达成协议的各方研究是否可使用这些文件的最新版本。凡是不注日期的引用文件，其最新版本适用于本标准。

GB/T 5009.11　食品中总砷及无机坤的测定方法

GB/T 5009.12　食品中铅的测定方法

GB/T 5009.15　食品中镉的测定方法

GB/T 5009.17　食品中总汞及有机汞的测定方法

GB/T 5009.34　食品中亚硫酸盐的测定方法

GB/T 5009.190　海产食品中多氯联苯的测定方法

NY 5052　无公害食品　海水养殖用水水质

SC/T 3015　水产品中土霉素、四环素、金霉素残留量测定方法

SC/T 3016　水产品抽样方法

SN/T 0208　出口肉品中十种磺胺残留量的检验方法

3　要求

3.1　感官要求

3.1.1　活海水虾

具有活海水虾本身固有色泽，体形正常，无畸形；活动敏捷，无病态；具有海水虾固有气味，无异味。

3.1.2　鲜海水虾

鲜海水虾感官要求见表1。

表1　鲜海水虾感官要求

项　目	指　标
色泽	虾体色泽正常、无红变，甲壳光泽较好，允许少量黑斑
形态	虾体完整，允许有愈后伤疤和较小的刺擦伤

（续）

项 目	指 标
滋气味	气味正常，具有海水虾固有鲜味，无异味
肌肉组织	肉质紧密有弹性

3.2 安全指标

海水虾的安全指标的规定见表 2。

表 2 海水虾的安全指标

项 目	指 标
亚硫酸盐（以 SO_2 计），mg/kg	≤100
无机砷，mg/kg	≤0.5
甲基汞，mg/kg	≤0.5
铅（Pb），mg/kg	≤0.5
镉（Cd），mg/kg	≤0.5
多氯联苯（PCBS），mg/kg（以 PCB28、PCB52、PCB101、PCB118、PCB138、PCB153、PCB180 总和计）	≤2.0
其中：	
PCB138，mg/kg	≤0.5
PCB153，mg/kg	≤0.5
土霉素，μg/kg	≤100（养殖海水虾）
磺胺类，μg/kg	≤100（养殖海水虾）

注：其他农药、兽药应符合国家有关规定。

4 试验方法

4.1 感官检验

4.1.1 常规检验

在光线充足，无异味的环境中，将试样倒在白色搪瓷盘或不锈钢工作台上，按本标准 3.1 条的规定逐项进行对虾的感官检验。当不能确定产品质量时，进行水煮试验。

4.1.2 水煮试验

在容器中加入 500mL 饮用水，将水烧开后，取约 100g 用清水洗净的虾，切段（不大于 3cm×3cm）放于容器中，加盖，煮 5min 后，打开盖，闻气味，品尝肉质。

4.2 亚硫酸盐的测定

按 GB/T 5009.34 的规定执行

4.3 无机砷的测定

按 GB/T 5009.11 中的规定执行。

4.4 甲基汞的测定

按 GB/T 5009.17 中的规定执行。

4.5 铅的测定

按 GB/T 5009.12 中的规定执行。

4.6 镉的测定

按 GB/T 5009.15 的规定执行。

4.7 多氯联苯的测定

按 GB/T 5009.190 的规定执行。

4.8 土霉素的测定

按 SC/T 3015 的规定执行。

4.9 磺胺类的测定

按 SN/T 0208 的规定执行。

5 检验规则

5.1 组批规则与抽样方法

5.1.1 组批规则

活、鲜海水养殖虾以同一养殖场中、同时收获的、养殖条件相同的、同品种的对虾为一个批次。捕捞海水虾以同一条捕捞船、同一航次，来自相同捕捞区域的同种虾为一检验批。

5.1.2 抽样方法

按 SC/T 3016 的规定执行。

5.1.3 试样制备

取至少 10 尾海水虾清洗后，去虾头、虾皮、肠腺，得到整条虾肉。将所取得的虾肉立即用绞肉机绞碎混合均匀后备用；试样量为400g，分为两份，其中一份用于检验，另一份作为留样。

5.2　检验分类

产品分为出厂检验和型式检验。

5.2.1　出厂检验

每批产品应进行出厂检验。出厂检验由生产者执行，检验项目为感官检验。

5.2.2　型式检验

有下列情况之一时应进行型式检验。检验项目为本标准中规定的全部项目。

　　a）申请使用无公害农产品标志时；

　　b）新建养殖场养殖的海水虾；

　　c）当养殖条件发生变化，如水质、饲料等发生变化时，可能影响产品质量时；

　　d）有关行政主管部门提出进行型式检验要求时；

　　e）出厂检验与上次型式检验有大差异时；

　　f）正常生产时，每年至少一次的周期性检验。

5.3　判定规则

5.3.1　感官检验结果判定按 SC/T 3016 的规定执行。

5.3.2　安全指标的检验结果中有一项指标不合格，则判本批产品不合格，不得复检。

6　标志、包装、运输、贮存

6.1　标志

按无公害农产品标志有关规定执行，在产品标志上，应标明产品名称、生产单位名称及地址，产地、出场日期等。

6.2　包装

6.2.1　活虾暂养水质应符合 NY 5052 的要求，保证所需氧气充足。

6.2.2　鲜虾应装于洁净的鱼箱或保温鱼箱中；保持虾体温度为0℃～4℃。

6.2.3　所用包装材料应坚固、洁净、无毒、无异味，符合相关的卫

生标准规定。

6.3 运输

6.3.1 运输活虾应具备相关的保活设施，暂养水质应符合 NY 5052 的要求。

6.3.2 鲜虾用冷藏或保温车船运输，保持虾体温度为0℃～4℃。

6.3.3 运输工具应清洁卫生，无异味，运输中防止日晒、虫害、有害物质的污染，不得靠近或接触有腐蚀性物质。

6.4 贮存

6.4.1 活虾暂养用水应符合 NY 5052 的要求，所需氧气充足，温度适宜，必要时采取降温措施。

6.4.2 鲜对虾贮存时保持虾体温度为0℃～4℃之间。

6.4.3 产品贮藏于清洁、卫生、无异味、有防鼠防虫设备的库内，防止虫害和有害物质的污染及其他损害。

参 考 文 献

蔡强，黄天文，李亚春，等.2009.卵形鲳鲹与南美白对虾池塘混养技术［J］.中国水产，11：33-35.

曹平，黄翔鹄，李长玲，等.2011.颤藻对凡纳滨对虾生长和免疫相关酶活力的影响［J］.渔业现代化，38（5）：25-30.

曹永军，张敏，董乔仕，等.2015.南美白对虾与罗氏沼虾高效养殖试验［J］.安徽农业科学，43（31）：118-119，141.

曹煜成，李卓佳，贾晓平，等.2006.对虾工厂化养殖的系统结构［J］.南方水产，2（3）：72-76.

曹煜成，李卓佳，冯娟，等.2005.地衣芽孢杆菌胞外产物消化活性的研究［J］.热带海洋学报，24（6）：6-11.

曹煜成，文国樑，李卓佳，等.2014.南美白对虾高效养殖与疾病防治技术［M］.北京：化学工业出版社.

曹煜成，文国樑，李卓佳，等.2015.池塘水体微生物群落代谢活性的动态变化及其与水质的关系［J］.安全与环境学报，15（1）：280-284.

岑仁勇.2013.南美白对虾套罗氏沼虾生态健康养殖技术［J］.水产养殖，12：32-36.

查广才，麦雄伟，周昌清，等.2006.凡纳滨对虾低盐度养殖池浮游藻类群落研究［J］.海洋水产研究，27（1）：1-7.

查广才，周昌清，黄建容，等.2004.凡纳对虾淡化养殖虾池微型浮游生物群落及多样性［J］.生态学报，24（8）：1752-1759.

查广才，周昌清，牛晓光.2007.铜绿微囊藻对凡纳滨对虾低盐度养殖的危害研究［J］.中山大学学报（自然科学版），46（2）：64-67.

陈昌福，姚娟，陈萱，等.2004.免疫多糖对南美白对虾免疫相关酶的激活作用［J］.华中农业大学学报，23（5）：551-554.

陈佳荣.1998.水化学［M］.北京：中国农业出版社.

陈楠生，李新正.1992.对虾生物学［M］.青岛：青岛海洋大学出版社.

陈文，李色东，何建国.2006.对虾养殖质量安全管理与实践［M］.北京：中国农业出版社．

陈晓明，边绍新．2016. 南美白对虾小棚双茬养殖技术［J］. 河北渔业，4：30-31.

陈晓艳，李贵生．2005. 对虾病毒研究现状［J］. 生态科学，24（2）：162-167.

陈玉春，赵倩，赵凤梅，等．2011. 溶藻细菌在水产养殖中的开发前景和初步研究［J］. 养殖与饲料，(9)：88-89.

董乔仕，吴成云．2012. 南美白对虾与罗氏沼虾生态混养技术［J］. 水产养殖，11：28-29.

郭皓，于占国．1996. 虾池浮游植物群落特征及其与虾病的关系［J］. 海洋科学，1：39-45.

郭玉洁，钱树本．2003. 中国海藻志［M］. 北京：科学出版社．

郭志勋，李卓佳，管淑玉，等．2011. 抗对虾白斑综合征病毒（WSSV）中草药的筛选及番石榴叶水提取物对 WSSV 致病性的影响［J］. 广东农业科学，38（21）：129-131.

国家环境保护总局．2008. 环保用微生物菌剂环境安全评价导则（HJ/T 415—2008）［Z］.

洪敏娜，杨莺莺，梁晓华，等．2014. 江蓠与有益菌协同净化模拟养殖废水效果的研究［J］. 中国渔业质量与标准，4（1）：33-37.

胡百文，胡晓娟，曹煜成，等．2014. 解磷微生物在养殖池塘中应用的可行性探讨［J］. 广东农业科学，41（3）：180-184.

胡鸿钧，魏印心．1980. 中国淡水藻类［M］. 北京：科学出版社．

胡鸿钧．2011. 水华蓝藻生物学［M］. 北京：科学出版社．

胡晓娟，李卓佳，曹煜成，等．2010. 强降雨对粤西凡纳滨对虾养殖池塘微生物群落的影响［J］. 中国水产科学，17（5）：987-995.

胡晓娟，李卓佳，曹煜成，等．2010. 养殖池塘生态系统中磷的收支及解磷微生物的研究进展［J］. 安全与环境学报，10（1）：7-11.

黄朝禧．2005. 水产养殖工程学［M］. 北京：中国农业出版社．

黄春明．2014. 小棚养虾关键技术［J］. 当代水产，2：34-35.

黄翔鹄，李长玲，郑莲，等．2005. 固定化微藻对改善养殖水质和增强对虾抗病力的研究［J］. 海洋通报，24（2）：57-62.

黄翔鹄，王庆恒．2002. 对虾高位池优势浮游植物种群与成因研究［J］. 热带海洋学报，21（4）：36-44.

季高华，许莉，王丽卿．2011. 盐度对铜绿微囊藻生长的影响［J］. 湖南农业科学，13：74-76.

晋利，刘赵普，赵耕毛，等.2010.一株溶藻细菌对铜绿微囊藻生长的影响及其鉴定［J］.中国环境科学，30（2）：222-227.

阚振荣，王欣伊，李彦芹，等.2006.菌-藻、藻-藻间化感作用初探［J］.微生物学杂志，26（5）：14-18.

李德尚.1993.水产养殖手册［M］.北京：中国农业出版社.

李奕雯.2009.对虾高位池生态环境与三种微藻氮、磷营养生态学研究［D］.湛江：广东海洋大学.

李奕雯，曹煜成，李卓佳，等.2011.凡纳滨对虾海水高位池养殖后期水环境因子日变化状况［J］.广东农业科学，38（20）：108-111.

李卓佳，蔡强，曹煜成，等.2012.南美白对虾高效生态养殖新技术［M］.北京：海洋出版社.

李卓佳，曹煜成，杨莺莺，等.2005.水产动物微生态制剂作用机理的研究进展［J］.湛江海洋大学学报，25（4）：99-102.

李卓佳，陈永青，杨莺莺，等.2006.广东对虾养殖环境污染及防控对策［J］.广东农业科学，6：68-71.

李卓佳，郭志勋，张汉华，等.2003.斑节对虾养殖池塘藻-菌关系初探［J］.中国水产科学，10（3）：262-264.

李卓佳，李奕雯，曹煜成，等.2010.凡纳滨对虾海水高位池养殖水体理化因子变化与营养状况分析［J］.农业环境科学学报，29（10）：2025-2032.

李卓佳，冷加华，杨铿，等.2009.轻轻松松学养对虾［M］.北京：中国农业出版社.

李卓佳，罗勇胜，文国樑.2007.细基江蓠繁枝变种（*Gracilarla tenuistipitata*）与益生菌净化养殖废水的研究［J］.热带海洋学报，26（3）：72-75.

李卓佳，罗勇胜，文国樑.2008.细基江蓠繁枝变种（*Gracilarla tenuistipitata*）与有益菌协同净化养殖废水趋势研究［J］.海洋环境科学，27（4）：324-330.

李卓佳，文国樑，陈永青，等.2004.正确使用养殖环境调节剂营造良好对虾养殖生态环境［J］.科学养鱼，3：1-2.

李卓佳，张汉华，郭志勋等.2005.大规格对虾养殖生产流程［J］.海洋与渔业，10：10-12.

李卓佳，张庆，陈康德.1998.有益微生物改善养殖生态研究Ⅰ复合微生物分解底泥及对鱼类的促生长效应［J］.湛江海洋大学学报，8（1）：5-8.

李卓佳，张庆，陈康德，等.2000.应用微生物健康养殖斑节对虾的研究［J］.中山大学学报（自然科学版），39（z1）：229-232.

李卓佳，杨铿，冷加华，等.2008.水产养殖池塘的主要环境因子及相关调控技术［J］. 海洋与渔业, 8: 29-30.

李卓佳, 虞为, 朱长波, 等. 2012. 对虾单养和对虾-罗非鱼混养试验围隔氮磷收支的研究［J］. 安全与环境学报, 12 (4): 50-55.

李生, 黄德平. 2003. 对虾健康养成使用技术［M］. 北京: 海洋出版社.

林文辉译著. 2004. 池塘养殖水质［M］. 广州: 广东科技出版社.

刘洪军, 王颖, 李邵彬, 等. 2006. 海水虾类健康养殖技术［M］. 青岛: 中国海洋大学出版社.

刘瑞玉. 2004. 关于对虾类 (属) 学名的改变和统一问题［C］. 甲壳动物学论文集. 北京: 科学出版社, No. 4: 104-122.

刘孝竹, 曹煜成, 李卓佳, 等. 2011. 高位虾池养殖后期浮游微藻群落结构特征［J］. 渔业科学进展, 32 (3): 84-91.

刘孝竹, 李卓佳, 曹煜成, 等. 2009. 珠江三角洲低盐度虾池秋冬季浮游微藻群落结构特征的研究［J］. 农业环境科学学报, 28 (5): 1010-1018.

刘珍, 张庆利, 万晓媛, 等. 2016. 虾肝肠孢虫 (*Enterocytozoon hepatopenaei*) 实时荧光定量 PCR 检测方法的建立及对虾样品的检测［J］. 渔业科学进展, 37 (2): 119-126.

罗俊标, 骆明飞, 盘润洪, 等. 2005. 南美白对虾淡水池塘简易温棚冬季养殖高产技术［J］. 中国水产, 11: 30-31.

罗亮, 李卓佳, 张家松, 等. 2011. 对虾精养池塘碳、氮和异养细菌含量的变化及其相关性研究［J］. 南方水产科学, 7 (5): 24-29.

罗亮, 张家松, 李卓佳, 等. 2011. 生物絮团技术特点及其在对虾养殖中的应用［J］. 水生态学杂志, 32 (5): 129-133.

牛津. 2009. 凡纳滨对虾仔虾对主要营养素的营养需求及其营养生理研究［D］. 广州: 中山大学.

彭昌迪, 郑建民, 彭文国, 等. 2002. 南美白对虾的胚胎发育以及温度与盐度对胚胎发育的影响［J］. 上海水产大学学报, 11 (4): 310-316.

彭聪聪, 李卓佳, 曹煜成, 等. 2010. 虾池浮游微藻与养殖水环境调控的研究概况［J］. 南方水产, 6 (5): 74-80.

彭聪聪, 李卓佳, 曹煜成, 等. 2011. 凡纳滨对虾半集约化养殖池塘浮游微藻优势种变动规律及其对养殖环境的影响［J］. 海洋环境科学, 30 (2): 193-198.

彭聪聪, 李卓佳, 曹煜成, 等. 2011. 粤西凡纳滨对虾海水滩涂养殖池塘浮游微藻群落结构特征［J］. 渔业科学进展, 32 (4): 117-125.

彭聪聪, 李卓佳, 曹煜成, 等. 2012. 斑节对虾滩涂养殖池塘浮游微藻群落演变特征［J］. 安全与环境学报, 12 (5): 95-101.

齐遵利，张秀文．2005．对虾［M］．北京：中国农业大学出版社．

曲克明，杜守恩．2010．海水工厂化高效健康养殖体系构建工程技术［M］．北京：海洋出版社．

申玉春，熊邦喜，叶富良，等．2004．南美白对虾高位池浮游生物和初级生产力的研究［J］．水利渔业，24（3）：7-10．

沈南南，李纯厚，贾晓平，等．2007．3种微生物制剂调控工厂化对虾养殖水质的研究［J］．南方水产，3（3）：20-25．

沈南南，李纯厚，贾晓平，等．2008．小球藻与芽孢杆菌对对虾养殖水质调控作用的研究［J］．海洋水产研究，29（2）：48-52．

史荣君，黄洪辉，齐占会，等．2013．海洋细菌N3对几种赤潮藻的溶藻效应［J］．环境科学，34（5）：1922-1929．

宋盛宪，李色东，陈丹，等．2013．南美白对虾健康养殖技术［M］．北京：化学工业出版社．

宋盛宪，郑石轩．2001．南美白对虾健康养殖［M］．北京：海洋出版社．

孙国铭，汤建华，仲震铭．2002．氨氮和亚硝酸氮对南美白对虾的毒性研究［J］．水产养殖，1：22-24．

王吉桥．2003．南美白对虾生物学研究与养殖［M］．北京：海洋出版社．

王克行．1997．虾蟹类增养殖学［M］．北京：中国农业出版社．

王丽花，曹煜成，李卓佳．2012．溶藻细菌控藻作用及其在对虾养殖池塘中的应用前景［J］．南方水产科学，8（4）：76-82．

王清印．2004．海水设施养殖［M］．北京：海洋出版社．

王兴强，曹梅，阎斌伦．2005．刀额新对虾的生物学特性及低盐度养殖研究进展［J］．水产科技情报，32（4）：151-153．

文国樑，曹煜成，李卓佳，等．2006．芽孢杆菌合生素在集约化对虾养殖中的应用［J］．海洋水产研究，27（1）：54-58．

文国樑，曹煜成，徐煜，等．2015．养殖对虾肝胰腺坏死综合征研究进展［J］．广东农业科学，11：118-123．

文国樑，李卓佳，曹煜成，等．2007．南方室外工程化对虾三茬无公害养殖技术［J］．广东农业科学，8：77-79．

文国樑，李卓佳，曹煜成，等．2009．对虾集约化养殖废水排放沟渠综合生态处理技术［J］．广东农业科学，9：16-18．

文国樑，李卓佳，陈永青，等．2006．有益微生物在高密度养虾的应用研究［J］．水产科技，2：20-21．

文国樑，李卓佳，李色东，等．2004．粤西地区几种主要对虾养殖模式的分析

［J］．齐鲁渔业，21（1）：8-9.

文国樑，李卓佳，罗勇胜，等．2010.尼罗罗非鱼与细基江蓠繁枝变种综合净化养殖废水效果研究［J］．渔业现代化，37（1）：11-14.

文国樑，李卓佳，张家松，等．2011.凡纳滨对虾病毒病防控技术［J］．广东农业科学，38（18）：112-115.

文国樑，李卓佳，冷加华，等．2012.南美白对虾安全生产技术指南［M］．北京：中国农业出版社.

文国樑，林黑着，李卓佳，等．2012.饲料中添加复方中草药对凡纳滨对虾生长、消化酶和免疫相关酶活性的影响［J］．南方水产科学，8（2）：58-63.

文国樑，杨铿，李卓佳，等．2015.南美白对虾高效养殖攻略［M］．北京：中国农业出版社.

文国樑，于明超，李卓佳，等．2009.饲料中添加芽孢杆菌和中草药制剂对凡纳滨对虾免疫功能的影响［J］．上海海洋大学学报，18（2）：181-184.

吴琴瑟．2007.对虾健康养殖大全［M］．北京：中国农业出版社

吴兴泰．2010.南美白对虾微孢子虫病的防治方法［J］．海洋与渔业，6：41-42.

席宇，朱大恒，黄进勇，等．2005.溶藻细菌的生态学作用及其生物量检测方法［J］．微生物学杂志，25（5）：62-67.

谢立民，林小涛，许忠能，等．2003.不同类型虾池的理化因子及浮游植物群落的调查［J］．生态科学，22（1）：34-47.

谢林荣，何家才，倪庆胜．2012.南美白对虾与斑点叉尾鮰混养高效养殖技术［J］．水产养殖，2：35-37.

谢芝勋．2003.对虾病毒研究进展［J］．动物医学进展，24（2）：27-30.

徐康，张雪云．2014.浅谈南美白对虾温棚养殖［J］．科学养鱼，7：86

杨铿，文国樑，李卓佳，等．2008.对虾养殖过程中常见的不良水色和处理措施［J］．海洋与渔业，6：29.

杨铿，文国樑，李卓佳，等．2008.对虾养殖过程中常见的优良水色和养护措施［J］．海洋与渔业，6：28.

杨清华，郭志勋，林黑着，等．2011.复方中草药添加浓度和投喂策略对凡纳滨对虾抗白斑综合征病毒（WSSV）能力的影响［J］．黑龙江畜牧兽医，2：142-145.

叶乐，林黑着，李卓佳，等．2005.投喂频率对凡纳滨对虾生长和水质的影响［J］．南方水产，1（4）：55-58.

杨莺莺，杨铿，梁晓华，等．2015.解磷菌YC4对养殖环境条件的适应性及其溶磷效果［J］．中国渔业质量与标准，5（4）：23-28.

于明超，李卓佳，林黑着，等．2010．饲料中添加芽孢杆菌和中草药制剂对凡纳滨对虾生长及肠道菌群的影响［J］．热带海洋学报，29（4）：132-137．

余开，周燕侠．2014．生物防控提高南美白对虾养殖成功率［J］．科学养鱼，3：13-17．

虞为，李卓佳，王丽花，等．2013．对虾单养和对虾-罗非鱼混养试验围隔水质动态及产出效果的对比［J］．中国渔业质量与标准，3（2）：89-97．

虞为，李卓佳，朱长波，等．2011．凡纳滨对虾池塘设置网箱养殖罗非鱼研究［J］．广东农业科学，38（15）：4-8．

虞为，李卓佳，朱长波，等．2011．我国对虾生态养殖的发展现状、存在问题与对策［J］．广东农业科学，38（17）：168-171．

张汉华，李卓佳，郭志勋，等．2005．有益微生物对海水养虾池浮游生物生态特征的影响研究［J］．南方水产，1（2）：7-14．

张华军，李卓佳，张家松，等．2011．凡纳滨对虾免疫指标变化与其养殖环境理化因子的关系［J］．大连海洋大学学报，26（4）：356-361．

张华军，李卓佳，张家松，等．2012．密度胁迫对凡纳滨对虾稚虾免疫指标及生长的影响［J］．南方水产科学，8（4）：43-48．

张家松，李卓佳，陈义平，等．2010．环介导等温扩增法（LAMP）在水生动物病害检测中的应用［J］．中国动物检疫，27（2）：71-73．

张庆，李卓佳，陈康德，等．1999．复合微生物对养殖水体生态因子的影响［J］．上海水产大学学报，8（1）：43-47．

张伟权．1990．世界重要养殖品种——南美白对虾生物学简介［J］．海洋科学，3：69-73．

张晓阳，李卓佳，张家松，等．2013．碳菌调控对凡纳滨对虾试验围隔养殖效益的影响［J］．广东农业科学，40（1）：131-135．

中华人民共和国农业部．2013．中华人民共和国农业部第2045号公告——饲料添加剂品种目录［S］．

中华人民共和国农业部渔业局．2015．中国渔业年鉴2015［M］．北京：中国农业出版社．

朱长波，李卓佳，郭永坚，等．2015．虾鱼低盐生态混养新模式——探索与实践［M］．北京：中国农业出版社．

Amornrat T，Jiraporn S，Saisunee C et al. 2013. The microsporidian *Enterocytozoon hepatopenaei* is not the cause of white feces syndrome in white leg shrimp Penaeus (*Litopenaeusvannamei*) ［J］. BMC Veterinary Research, 9 (1)：139.

Burford M A, Lorenzen K. 2004. Modeling nitrogen dynamics in intensive shrimp ponds: the role of sediment remineralization [J] . Aquaculture, 229 (1/4): 120-145.

Cao Y C, Wen G L, Li Z J, et al. 2014. Effects of dominant microalgae species and bacterial quantity on shrimp production in the final culture season [J]. Journal of applied phycology, 26 (4): 1749-1757.

Carmichael W W. 1992. Cyanobacteria secondary metabolites the cyannotoxins [J]. Journal of applied bacteriology, 72: 445-459.

Catherine Q, Susanna W, Isidora E S, et al. 2013. A review of current knowledge on toxic benthic freshwater cyanobacteria ecology, toxin production and risk management [J] . Water research, 47 (15): 64-79.

Crab R, Defoirdt T, Bossier P, et al. 2012. Biofloc technology in aquaculture: Beneficial effects and future challenges [J] . Aquaculture, 356-357: 351-356.

Cremen M C M, Martinez R M G, Corre V L J, et al. 2007. Phytoplankton bloom in commercial shrimp ponds using green-water technology [J] . Journal of applied phycology, 19: 615-624.

Gatesoupe F J. 1999. The use of probiotics in aquaculture [J] . Aquaculture, 160: 177-203.

Helga J. 2008. Towards sustainability in shrimp production, processing and trade [R] (Shrimp 2008 - technical and trade conference on shrimp 6-7 November 2008, Guangzhou, China) .

Lin H Z, Li Z J, Chen Y Q, et al. 2006. Effect of dietary traditional Chinese medicines on apparent digestibility coefficients of nutrients for white shrimp *Litopenaeus vanname* Boone [J] . Aquculture, 253: 495-501.

Lin H Z, Guo Z X, Yang Y Y, et al. 2004. Effect of dietary probiotics on apparent digestibility coefficients of nutrients of white shrimp *Litopenaeus vannamei* Boone [J] . Aquaculture research, 35: 1441-1447.

Hu X J, Li Z J, Cao Y C, et al. 2010. Isolation and identification of a phosphate-solubilizing bacterium *Pantoea stewartii* subsp. *stewartii* g6, and effects of temperature, salinity, and pH on its growth under indoor culture conditions [J] . Aquaculture international, 18 (6): 1079-1091.

Janeoa R L, Corre V L J, Sakatab T. 2009. Water quality and phytoplankton stability in response to application frequency of bioaugmentation agent in shrimp ponds [J] . Aquacultural engineering. 40 (3): 120-125.

Kormas K A, Lymperopoulou D S. 2013. Cyanobacterial toxin degrading bacteria:

who are they? [J] Biomed research international，2013：1-12.

Muller-Feuga A. 2000. The role of microalgae in aquaculture：situation and trends [J] . Journal of applied phycology，12：527-534.

Neori A. 2011. "Green water" microalgae：the leading sector in world aquaculture [J] . Journal of applied phycology，23：143-149.

Paul C，Pohnert G. 2013. Induction of protease release of the resistant diatom *Chaetoceros didymus* in response to lytic enzymes from an algicidal bacterium. Plos one. 8 (3)：e57577.

Rousk K，Deluca T H，Rousk J. The cyanobacterial role in the resistance of feather mosses to decomposition-toward a new hypothesis [J] . Plos one. 2013，8 (4)：e62058.

Sawada H. 1997. Photosynthetic bacteria in waste treatment [J] . Ferment technology，55：311-316.

Shi R J，Huang H H，Qi Z H，et al. 2013. Algicidal activity against Skeletonema costatum by marine bacteria isolated from a high frequency harmful algal blooms area in southern Chinese coast [J] . World journal of microbiology and biotechnology，29 (1)：153-162.

Siri T，Putth S. 1999. Water quality and phytoplankton communities in intensive shrimp culture ponds in Kung Krabaen Bay，eastern Thailand [J] . Journal of the world aquaculture society，30 (1)：36-45.

Sogarrd H，Demark T S. 1990. Microbials for feed beyond lactic acid bacteria [J]. Feed international，11 (4)：32-38.

Suebsing R，Prombun P，Srisala J，et al，2013. Loop-mediated isothermal amplification combined with colorimetric nanogold for detection of the microsporidian *Enterocytozoon hepatopenaei* in penaeid shrimp [J] . Journal of Applied Microbiology，2013，114 (5)：1254-1263.

Sugita H，Hirose Y，Matsuo N，et al. 1998. Production of the antibacterial substance by *Bacillus sp.* strain NM12，an intestinal bacterium of Japanese coastal fish [J] . Aquaculture，165：269-280.

Thimmalapura N D，Fatimah M Y，Mohamed S. 2002. Changes in bacterial populations and shrimp production in ponds treated with commercial microbial products [J] . Aquaculture，206：245-256.

Thompson F L，Abreu P C，Cavalli R. 1999. The use of microorganisms as food source for *Penaeus paulensis* larvae [J] . Aquaculture，174：139-153.

Tourtip S, Wongtripop S, Stentiford G D. et al. 2009. Enterocytozoon hepatopenaei sp. nov. (Microsporida: Enterocytozoonidae), a parasite of the black tiger shrimp *Penaeus monodon* (Decapoda: Penaeidae): Fine structure and phylogenetic relationships [J] . Journal of Invertebrate Pathology, 102 (1): 21-29.

Trinchet I, Cadel-Six S, Djediat C, et al. 2013. Toxicity of harmful cyanobacterial blooms to bream and roach [J] . Toxicon, 71: 121-127.

Troell M, Ronnback P, Halling C, et al. 1999. Ecological engineering in aquaculture: use of seaweeds for removing nutrients from intensive mariculture [J] . Journal of applied phycology, 11 (1): 89-97.

Wang Y B, Xu Z R, Xia M S. 2005. The effectiveness of commercial probiotics in northern white shrimp *Penaeus vannamei* ponds [J] . Fisheries science, 71: 1036- 1041.

Xu W J, Morris T C, Samocha T M. 2016. Effects of C/N ratio on biofloc development, water quality, and performance of *Litopenaeus vannamei* juveniles in a biofloc-based, high-density, zero-exchange, outdoor tank system [J] . Aquaculture, 453: 169-175.

Xu W J, Pan L Q, Sun X H, et al. 2013. Effects of bioflocs on water quality, and survival, growth and digestive enzyme activities of *Litopenaeus vannamei* (Boone) in zero-water exchange culture tanks [J] . Aquaculture research, 44 (7): 1093-1102.

Xu W J, Pan L Q. 2012. Effects of bioflocs on growth performance, digestive enzyme activity and body composition of juvenile *Litopenaeus vannamei* in zero-water exchange tanks manipulating C/N ratio in feed [J] . Aquaculture, 356-357: 147-152.

Xu W J, Pan L Q. 2013. Enhancement of immune response and antioxidant status of *Litopenaeus vannamei* juvenile in biofloc-based culture tanks manipulating high C/N ratio of feed input [J] . Aquaculture, 412-413: 117-124.

Xu W J, Pan L Q. 2014. Dietary protein level and C/N ratio manipulation in zero-exchange culture of *Litopenaeus vannamei*: Evaluation of inorganic nitrogen control, biofloc composition and shrimp performance [J] . Aquaculture Research, 45 (11): 1842-1851.

Xu W J, Pan L Q. 2014. Evaluation of dietary protein level on selected parameters of immune and antioxidant systems, and growth performance of juvenile

Litopenaeus vannamei reared in zero-water exchange biofloc-based culture tanks [J]. Aquaculture, 426-427: 181-188.

Xu W J, Pan L Q. Zhao D H, et al. 2012. Preliminary investigation into the contribution of bioflocs on protein nutrition of *Litopenaeus vannamei* fed with different dietary protein levels in zero-water exchange culture tanks [J]. Aquaculture, 350-353: 147-153.

Yang Y F, Hu X J, Zhang J, et al. 2013. Community level physiological study of algicidal bacteria in the phycosphere of *Skeletonema costatum* and *Scrippsiella trochoidea* [J]. Harmful algae, 28: 88-96.

Yoran A, Peter D S, Mauricio E, et al. 2009. Biofloc technology a practical guide book (Second edition) [M]. Baton Rouge: The world aquaculture society press.

Yu M C, Li Z J, Lin H Z, et al. 2008. Effects of dietary Bacillus and medicinal herbs on the growth, digestive enzyme activity, and serum biochemical parameters of the shrimp *Litopenaeus vanname* [J]. Aquaculture international, 156: 471-480.

Yu M C, Li Z J, Lin H Z, et al. 2009. Effects of dietary medicinal herbs and Bacillus on survival, growth, body composition, and digestive enzyme activity of the white shrimp *Litopenaeus vannamei* [J]. Aquaculture international, 17 (4): 377-384.

Yusoff F M, Matias H B, Khalid Z A, et al. 2001. Culture of microalgae using interstitial water extracted from shrimp pond bottom sediments [J]. Aquaculture, 201: 263-270.

Yusoff F M, Zubaidah M S, Matias H B, et al. 2002. Phytoplankton succession in intensive marine shrimp culture ponds treated with a commercial bacterial product [J]. Aquaculture research, 33 (4): 269-278.

Zhao P, Huang J, Wang X H, et al. 2012. The application of bioflocs technology in high-intensive, zero exchange farming systems of *Marsupenaeus japonicus* [J]. Aquaculture, 354-355: 97-106.

Zhao X, Zhou Y, Huang S, et al. 2014. Characterization of microalgae-bacteria consortium cultured in landfill leachate for carbon fixation and lipid production [J]. Bioresource technology, 156: 322-328.

图书在版编目（CIP）数据

南美白对虾高效健康养殖百问百答/曹煜成，文国樑，杨铿主编 . —2 版 . —北京：中国农业出版社，2017.1（2022.4 重印）

（一线专家答疑丛书）

ISBN 978-7-109-21773-7

Ⅰ.①南…　Ⅱ.①曹…②文…③杨…　Ⅲ.①对虾养殖—问题解答　Ⅳ.①S968.22-44

中国版本图书馆 CIP 数据核字（2016）第 135159 号

中国农业出版社出版

（北京市朝阳区麦子店街 18 号楼）

（邮政编码 100125）

责任编辑　林珠英

中农印务有限公司印刷　新华书店北京发行所发行
2017 年 1 月第 2 版　2022 年 4 月第 2 版北京第 5 次印刷

开本：880mm×1230mm 1/32　印张：6.5
字数：191 千字
定价：19.00 元

（凡本版图书出现印刷、装订错误，请向出版社发行部调换）